Las aristas de la sostenibilidad

Gumersindo Feijoo

LAS ARISTAS DE LA SOSTENIBILIDAD

ILUSTRADO POR
Joan Rieradevall

2025
UNIVERSIDADE DE SANTIAGO DE COMPOSTELA

Feijoo Costa, Gumersindo

Las aristas de la sostenibilidad / Gumersindo Feijoo ; ilustrado por Joan Rieradevall.- Santiago de Compostela : Universidade de Santiago de Compostela, Edicións USC, 2025

178 p. ; 21 cm

D.l. C 1058-2025- ISBN : 978-84-10142-76-3

1.Sostenibilidad.I.Rieradevall i Pons, Joan, il.II.Universidade de Santiago de Compostela.Edicións USC, ed.

504

504.03

Deseño de cuberta
Fonso Vidal (Edicións USC),
sobre acuarelas de Joan Rieradevall

Maqueta
Isabel Argüelles
Imprenta Universitaria

Imprime
Imprenta Universitaria
Campus Sur

Edita
Edicións USC
Campus Sur
15782 Santiago de Compostela
www.usc.gal/publicacions

Depósito legal: C 1058-2025
ISBN 978-84-10142-76-3

ÍNDICE

Prólogo

Hablar de sostenibilidad es, hoy más que nunca, hablar de responsabilidad con el presente y con el futuro. No es sólo una cuestión técnica o normativa, sino una manera de entender el mundo, de relacionarnos con los recursos que la tierra y el mar nos ofrecen, de garantizar bienestar sin comprometer a las generaciones que vendrán.

Por eso valoro tanto una obra como la que hoy me honra prologar, fruto de años de estudio y dedicación del profesor Sindo Feijoo y de su equipo, con quienes tengo la suerte de compartir inquietudes y proyectos en el ámbito de la sostenibilidad pesquera. Su esfuerzo en diseñar herramientas rigurosas para medir y evaluar el impacto ambiental de procesos y productos es admirable, pero lo es aún más la claridad con la que el autor acerca estos conceptos a la realidad de los sectores productivos, de la administración y de la ciudadanía.

A lo largo de estas páginas se examinan y evalúan con precisión las claves de la sostenibilidad: la eficiencia energética, la economía circular, la reducción de emisiones, la trazabilidad de los alimentos, la gestión responsable del agua o de la energía... Pero también se detienen en algo que considero fundamental y que no siempre recibe la atención que merece: la *alimentación* y la *tradición*, lo que el autor llama con acierto la «Arista tercera». Aquí se reivindican las dietas populares, la atlántica y la mediterránea, no sólo por su valor nutricional, sino por su equilibrio con el entorno y su contribución a un modelo de consumo sostenible, ligado a nuestra cultura y forma de vida.

Me siento especialmente próxima a esta visión porque durante años he trabajado en el sector pesquero, desde la gestión pública. Por eso no puedo dejar de resaltar la iniciativa «Pesca en Verde», que el propio equipo de Sindo Feijoo ha impulsado para certificar la sostenibilidad real de la actividad pesquera de nuestros buques. Una herramienta útil, moderna, exigente, que demuestra que la sostenibilidad puede ser también un activo de competitividad para el sector.

Este libro es mucho más que un obra técnica. Es una invitación a reflexionar, a actuar con criterio, a sumar esfuerzos entre todos para construir una economía respetuosa con el medio, pero también con las personas. Porque no habrá desarrollo sin cuidado del planeta, ni bienestar duradero sin respeto a nuestros recursos naturales.

Quiero animar al lector a recorrer estas páginas con interés y mente abierta. Seguro que encontrará en ellas no sólo datos y análisis, sino razones de peso para apostar, de verdad, por la sostenibilidad.

ROSA QUINTANA
Diputada Nacional
Exconselleira do Mar, Xunta de Galicia

ARISTA PRIMERA

Dónde y cómo vivimos

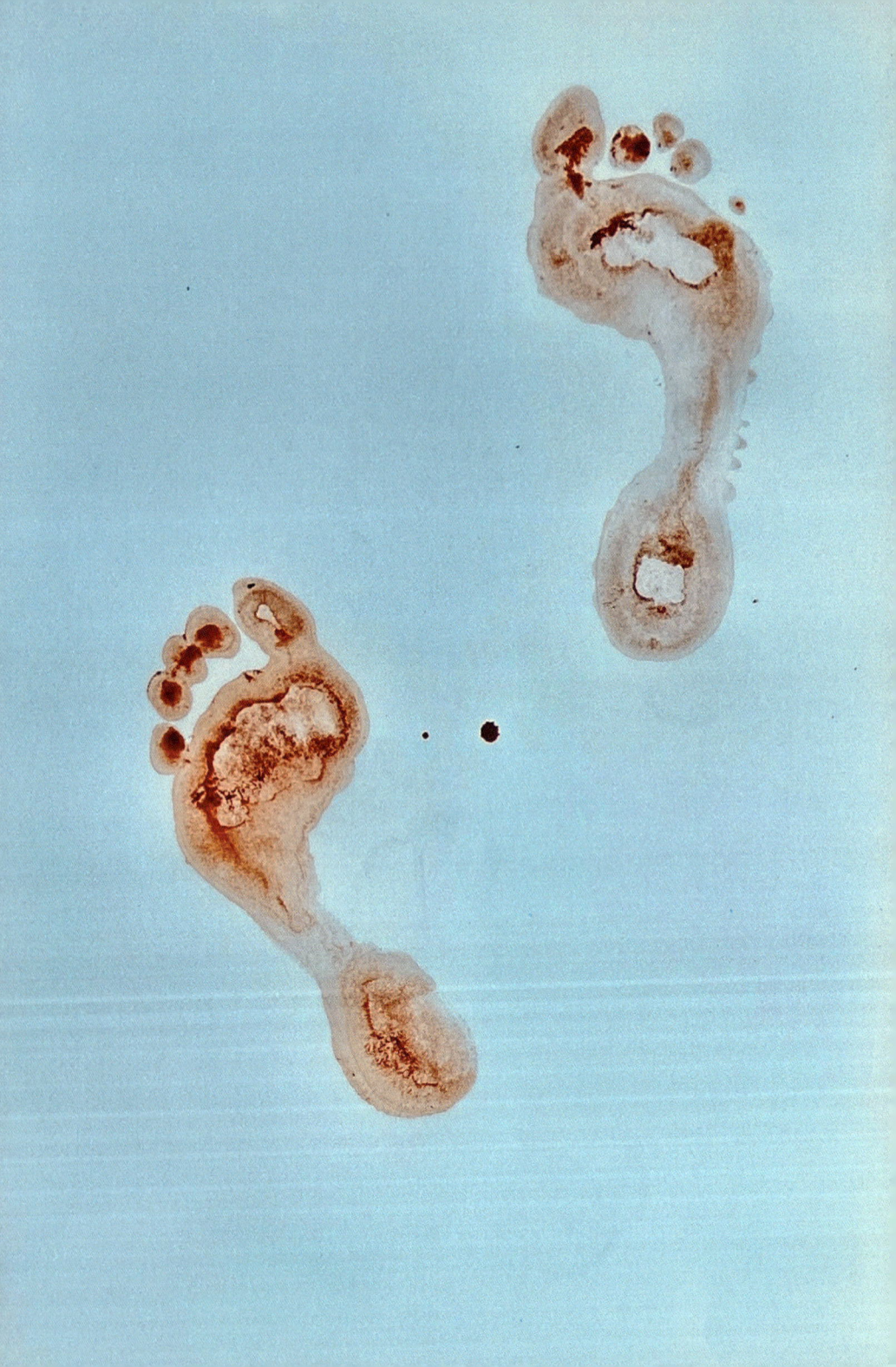

El termómetro de la sostenibilidad ambiental

Una de las citas célebres del físico y matemático inglés lord William Thomson Kelvin (1824-1907)[1] rezaba del siguiente modo:

> Lo que no se define no se puede medir, lo que no se mide no se puede mejorar, lo que no se mejora se degrada para siempre.

Así, uno de los indicadores más comunes para monitorizar nuestro estado de salud es la temperatura corporal y el termómetro es el instrumento utilizado para su medición. Aún retumban en nuestra mente las imágenes de medición de temperatura con sistemas de infrarrojos en aeropuertos y estaciones de tren durante la pandemia del covid-19.

Si la temperatura se sitúa entre los 36 y 37,5°C se considera un valor normal, mientras que la primera señal de alerta es a partir de los 37,5°C (febrícula) o menor de 35°C (hipotermia). Si se superan los 38°C hablamos de fiebre y con valores superiores a 40°C ya se considera una emergencia médica. Entonces, ¿cómo determinar el estado de salud del medio ambiente? ¿de qué herramientas disponemos para evaluarlo? A estas sencillas preguntas tratan de responder los científicos desde la propia definición del concepto de desarrollo sostenible en el año 1987 por la ONU[2], desarrollando diversos indicadores o conjuntos de indicadores (termómetros) que con diferentes enfoques en la medición del impacto ambiental con carácter local, regional o mundial tratan de reflejar el estado de los ecosistemas y, en última instancia, el estado de salud ambiental de nuestro planeta.

Huellas ambientales

Estos indicadores que tienen una gran repercusión mediática, pero presentan como desventaja el reduccionismo al asociar el

---

[1] https://es.wikipedia.org/wiki/William_Thomson

[2] Se define el *desarrollo sostenible* como la satisfacción de las necesidades de la generación presente sin comprometer la capacidad de las generaciones futuras para satisfacer sus propias necesidades (Informe titulado «Nuestro futuro común» de 1987, Comisión Mundial sobre el Medio Ambiente y el Desarrollo).

impacto en los ecosistemas a través de una sola categoría ambiental. Serán termómetros significativos en cuanto el impacto ambiental que evalúan sea relevante para el proceso o producto analizado.

La *huella de carbono* es un indicador asociado al cambio climático, representa los kilogramos de dióxido de carbono equivalente provocado por los gases de efecto invernadero emitidos a lo largo del ciclo de vida de un determinado producto, proceso o servicio. Este indicador es muy relevante en los sistemas de generación de energía[3], transporte de personas y mercancías[4], así como en la producción y consumo de alimentos[5]. Existen diferentes estándares metodológicos para su cálculo, entre los que podemos destacar:

- ISO[6] 14064-1:2018 Gases de efecto invernadero − Parte 1: especificación con orientación, a nivel de las <u>organizaciones</u>, para la cuantificación y el informe de las emisiones y remociones de gases de efecto invernadero.
- ISO 14067:2018 Gases de efecto invernadero − Huella de carbono de <u>productos</u> − Requisitos y directrices para cuantificación.
- GHG[7] *Protocol* permiten a las empresas medir, gestionar y notificar las emisiones de gases de efecto invernadero de sus operaciones y cadenas de valor. Es la metodología más usada por las empresas que participan en los mercados de carbono.

---

[3] Al-Shetwi, A.Q. (2022). Sustainable development of renewable energy integrated power sector: Trends, environmental impacts, and recent challenges. *STOTEN* 822:153645.

[4] Pérez-López, P., Gasol, C.M., Oliver-Solà, J., Huelin, S., Moreira, M.T., Feijoo, G. (2013). Greenhouse gas emissions from Spanish motorway transport: Key aspects and mitigation solutions. *Energy Policy* 60:705-713.

[5] González-García, S., Esteve-Llorens, X., Moreira, M.T., Feijoo, G. (2018). Carbon footprint and nutritional quality of different human dietary choices. *STOTEN* 644:77-94.

[6] Las Normas ISO son un conjunto de estándares reconocidos internacionalmente que fueron creados por la Organización Internacional de Estandarización (en inglés, ISO) con el objetivo de garantizar que empresas e instituciones sigan unos criterios homogéneos en los procesos de gestión y medida. Se especifican con el acrónimo ISO seguido de un código numérico identificativo para cada norma, seguido del año de la versión de la norma y el título; por ejemplo, ISO 14040:2006 Gestión Ambiental − Análisis de ciclo de vida − Principios y marco de referencia.

[7] Greenhouse Gas https://ghgprotocol.org/companies-and-organizations.

La huella de hídrico y huella de agua son indicadores asociados al consumo de agua como recurso y, por tanto, muy relevante en áreas geográficas con tendencia a la sequía y desertización. Son «termómetros» significativos en el impacto ambiental de las ciudades[8], diversos sectores industriales como el textil y el forestal[9], así como en la producción agrícola de alimentos[10]. Estas dos metodologías vienen reguladas por los siguientes estándares:

- La *huella hídrica* se define como el volumen total de agua dulce utilizada, ya sea directa o indirectamente, para producir bienes y servicios. Este «termómetro» fue creado en 2002 por Arjen Hoeskstra que en 2008 fundó la Water Footprint Network[11] para compilar las directrices de su cálculo en función del agua verde (referida al agua de lluvia utilizada en los procesos de producción), del agua azul (volumen de agua dulce consumida de las aguas superficiales −ríos, lagos y embalses− y subterráneas -acuíferos−) y del agua gris (definida como el agua necesaria para diluir la contaminación generada durante la producción).
- La *huella de agua* está basada en la norma ISO14046:2014 que establece una metodología para la evaluación del uso del agua de productos, procesos y organizaciones, a partir del análisis de su ciclo de vida (ISO 14040:2006).

---

[8] González-García, S., Manteiga, R., Moreira, M.T., Feijoo, G. (2018). Assessing the sustainability of Spanish cities considering environmental and socio-economic indicators. *Journal of Cleaner Production* 178:599-610.

[9] Arias, A., Feijoo, G., Moreira, M.T. (203). Biorefineries as a driver for sustainability: Key aspects, actual development and future prospects. *Journal of Cleaner Production* 418:137925.

[10] Villanueva-Rey, P., Quintero, P., Vázquez-Rowe, I., Rafael, S., Arroja, L., Moreira, M.T., Feijoo, G., Dias, A.C. (2018). Assessing water footprint in a wine appellation: A case study for Ribeiro in Galicia, Spain. *Journal of Cleaner Production* 172:2097-2107.

[11] https://www.waterfootprint.org/

Indicadores de circularidad

La economía circular es un término que ha entrado con fuerza en nuestras vidas durante la última década[12]. La filosofía del ciclo de vida está directamente vinculada al concepto de economía circular, donde el objetivo es transformar el sistema de producción y toda su cadena de valor de manera que se integre una perspectiva «de la cuna a la cuna». Se trata de evolucionar desde una economía de reciclaje basada en el concepto de las 3R (Reducir, Reutilizar y Reciclar) a un sistema Multi-R, donde se introducen conceptos como repensar, rediseñar, reparar, recuperar..., de manera que el ciclo técnico de los materiales sea similar al ciclo biológico que tiene lugar en los ecosistemas naturales.

El Indicador de Circularidad de Material (ICM) es uno de los de mayor uso[13]. El ICM da un valor normalizado entre 0 y 1 donde los valores más altos indican una mayor circularidad considerando (Figura 1):

- Entrada en el proceso de producción: cuantificación de materiales vírgenes, reutilizados y reciclados.
- Utilidad durante la fase de uso: ¿cuánto tiempo y cómo se ha utilizado el producto en comparación con un producto medio de la industria de tipo similar?
- Destino después del uso: ¿cuánto material entra en vertedero (o recuperación de energía)?, ¿cuánto se recolecta para el reciclaje y qué componentes se recogen para su reutilización?
- Eficiencia del reciclaje: ¿cuán eficientes son los procesos de reciclaje utilizados para producir insumos reciclados y para reciclar el material después del uso?

---

[12] Vence, X. (2023). Economía circular transformadora y cambio sistémico: Retos, modelos y políticas. Editorial Fondo de Cultura Económica de España, Madrid.
[13] The Ellen MacArthur Foundation [https://www.ellenmacarthurfoundation.org/material-circularity-indicator]

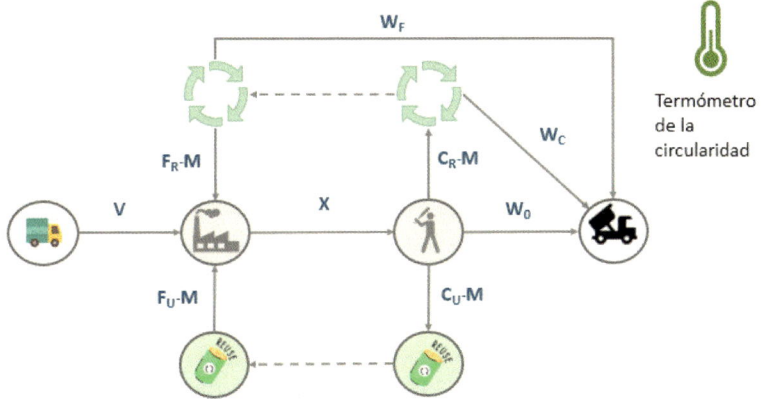

INDICADOR de CIRCULARIDAD de MATERIAL (ICM)

Termómetro de la circularidad

El **ICM** se construye esencialmente a partir de una combinación de tres características del producto: la masa **V** de materia prima virgen utilizada en la fabricación; la masa **W** de residuos no recuperables que se atribuyen al producto; y un factor de utilidad **X** que tiene en cuenta la duración y la intensidad del uso del producto.

Figura 1. Indicador de Circularidad de Material como termómetro de la circularidad.

Actualmente, existe una efervescencia de estudios que tratan de definir el conjunto de indicadores de que permitan certificar la circularidad en cada uno de los sectores de producción, asegurando la sostenibilidad global del sistema y el cumplimiento de los objetivos incluidos en los documentos legislativos[14].

Ciclo de vida y límites planetarios

La transformación de las cargas ambientales (residuos, emisiones y vertidos) en diversas categorías ambientales (calentamiento global, eutrofización, destrucción de la capa de ozono, ecotoxicidad, acidificación, consumo de agua, uso del suelo, etc.) definidas con sus correspondientes indicadores (kg de dióxido de carbono

---

[14] Estévez, S., Arias, A., Feijoo, G., Moreira, M.T. (2025). Methodological guide and roadmap to assess the compliance of wastewater treatment plants with sustainability and circularity criteria. *Water Research* 274:123125.

equivalente, kg de fosfato equivalente, etc.) puede realizarse mediante la metodología de análisis de ciclo de vida[15]. La adimensionalización o normalización de estos valores permite su agregación y, por tanto, definir un único indicador que representa el valor de la sostenibilidad ambiental de un sistema como la suma de todos los impactos. A su vez, estos valores pueden transformase en los denominados «límites planetarios»[16] que tienen por objeto determinar los límites medioambientales dentro de los cuales puede mantenerse un medio ambiente seguro y sano para la humanidad (Figura 2). Este método se inscribe en el concepto de desarrollo de políticas de sostenibilidad global, y su marco ha sido analizado por primera vez por Rockstrom y colaboradores en 2009[17].

Día de la Deuda Ecológica[18]

Desde el año 1971 se ha establecido el Día de la Deuda Ecológica que define el día del año en el que la humanidad agota los recursos naturales disponibles para todo el año, se supera lo que la Tierra puede regenerar ese año, con lo que se entra en déficit o deuda ecológica. Este hecho está correlacionado con la publicación del famoso informe «Los límites del crecimiento» encargado al Instituto Tecnológico de Massachusetts por el Club de Roma que fue publicado en 1972, cuya autora principal del informe fue Donella Meadows, biofísica y científica ambiental. Este informe ponía de manifiesto por primera vez que si:

---

[15] La norma UNE-EN ISO 14.040:2006 define el ACV como: «una técnica para evaluar los aspectos ambientales y los posibles impactos asociados a un producto mediante la recopilación de un inventario de las entradas y salidas relevantes de un sistema, la evaluación de los potenciales impactos medioambientales asociados a esas entradas y salidas y la interpretación de los resultados de las fases de análisis y evaluación de impacto de acuerdo con los objetivos del estudio». [http://hdl.handle.net/10347/21411]

[16] Arias, A., Feijoo, G., Moreira, M.T. (2022). New environmental approach based on a combination of planetary boundaries and life cycle assessment in the wood-based bioadhesive market. *ACS Sustainable Chemistry & Engineering* 10(34):11257-11272.

[17] Rockström, J., Steffen, W., Noone, K., Persson, Å., Chapin, F.S., Lambin, E., Lenton, T.M., Scheffer, M., Folke, C., Schellnhuber, H., Nykvist, B., De Wit, C.A., Hughes, T., van der Leeuw, S., Rodhe, H., Sörlin, S., Snyder, P.K., Costanza, R., Svedin, U., Falkenmark, M., Karlberg, L., Corell, R.W., Fabry, V.J., Hansen, J., Walker, B., Liverman, D., Richardson, K., Crutzen, P., Foley, J. (2009): Planetary boundaries: Exploring the safe operating space for humanity. *Ecology & Society* 14(2): 32.

[18] https://overshoot.footprintnetwork.org/

el actual incremento de la población mundial, la industrialización, la contaminación, la producción de alimentos y la explotación de los recursos naturales se mantiene sin variación, alcanzará los límites absolutos de crecimiento en la Tierra durante los próximos cien años.

Figura 2. Proceso metodológico para obtener los límites planetarios a partir de los impactos ambientales calculados con el análisis de ciclo de vida.

No cabe duda de que estas estimaciones científicas son tristes realidades hoy en día.

El Día de la Deuda Ecológica ha ido retrocediendo desde el primer año de medición (1971) que correspondía al 25 de diciembre (prácticamente existía un equilibrio en el planeta entre recursos y necesidades).

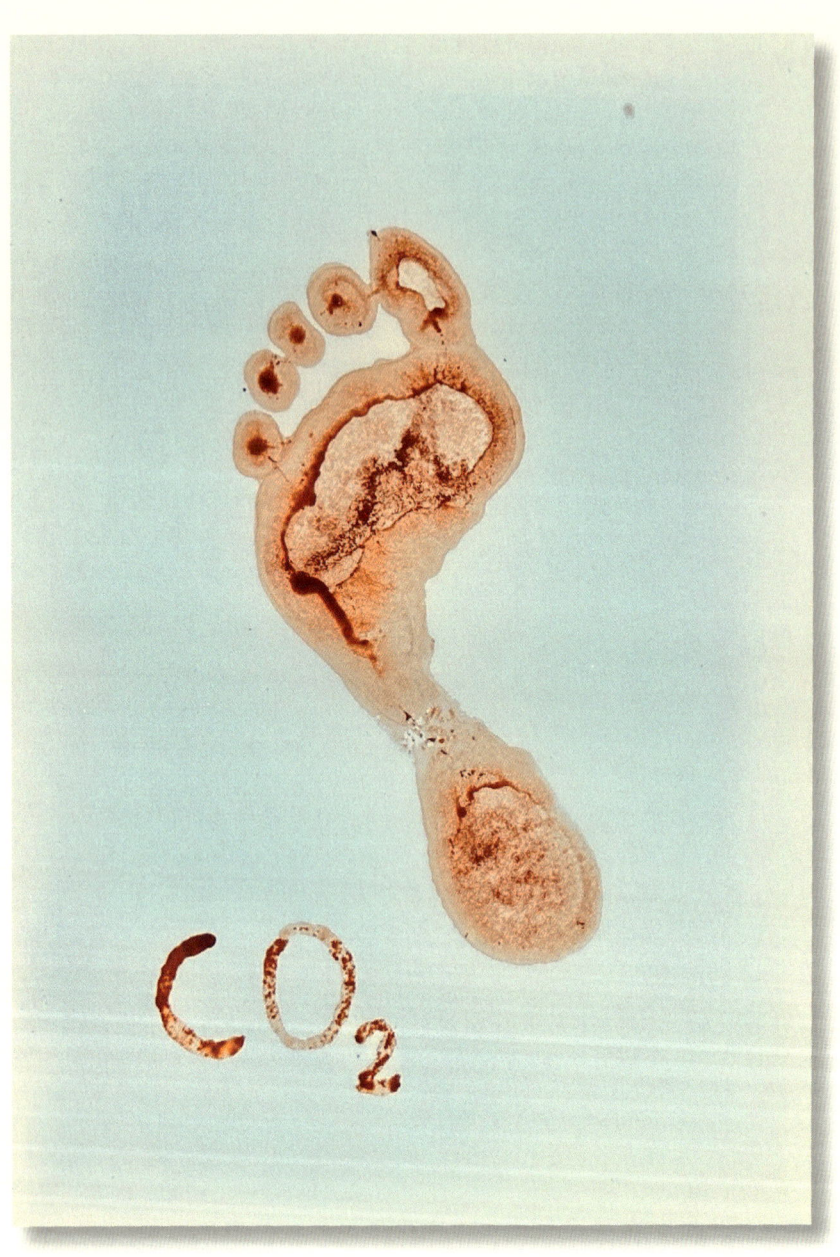

Día de la Deuda Ecológica (2025)
Earth Overshoot Day

24 de Julio

N° planetas Tierra 1 — 1.89

06/04
16/04
10/04
20/05 03/05
26/03 06/05 23/05
23/05
13/03 14/40 16/03
39/07 25/10 19/03
01/08 02/07
03/07

01 Día del año en el que la humanidad agota los recursos naturales disponibles para todo el año, con lo que se entra en déficit o deuda ecológica

02 Los países del hemisferio norte tienen un consumo de recursos notablemente superior a los del hemisferio sur

03 De momento sólo hay un Planeta, no tenemos un Planeta B

Fuente de los datos: Global Footprint Network

BioGroup   CRETUS   USC

Figura 3. Distribución del Día de la Deuda Ecológica por países para el año 2025.

Corolario

Tener datos fiables y representativos son determinantes en la medición de los límites planetarios. Esta diagnosis es clave para tomar las decisiones adecuadas a nivel individual y colectivo por un desarrollo sostenible de nuestro planeta.

¿Cómo podemos medir la sostenibilidad de la ciudad donde vivimos?

El Objetivo de Desarrollo Sostenible número 11 (ODS11) pretende lograr que las ciudades y los asentamientos humanos sean inclusivos, seguros, resilientes y sostenibles (Figura 4). Las ciudades son uno de los paradigmas en la búsqueda de la sostenibilidad del planeta, pues en ellas viven más del 50% de la población mundial, consumen de forma directa e indirecta el 75% de los recursos naturales, generan el 50% de los residuos y emiten el 50% de los gases de efecto invernadero (Figura 5).

Figura 4. Metas del ODS11: Ciudades y Comunidades Sostenibles.

Principales rankings de ciudades

Es importante diseñar y cambiar las ciudades hacia una mayor sostenibilidad para lo cual es necesario realizar un buen diagnóstico del punto de partida en cada una de las ciudades. A tal efecto existen diversos rankings que caracterizan «la mejor ciudad o país para vivir» a partir de diferentes metodologías que incluyen una ingente cantidad de indicadores socioeconómicos y ambientales cuya ponderación varía en función de cada una de las clasificaciones consideradas:

- *Índice de habitabilidad*[19]: Examina 140 ciudades de todo el mundo, analizando más de 30 factores cualitativos y cuantitativos en cinco categorías (estabilidad, sanidad, cultura y medio ambiente, educación e infraestructuras).
- *Mejores ciudades*[20]. Su meta es categorizar el perfil de las grandes ciudades a partir de la opinión de visitantes, inversores y residentes. Su resultado se correlaciona en gran medida con los polos turísticos mundiales. Así, entre los 10 primeras estarían: Londres, New York, Paris, Moscú, Tokyo, Dubai, Singapore, Barcelona, Los Angeles y España.
- *Ranking de ciudades para expatriados*[21]. Se categoriza los mejores países para vivir y trabajar en el extranjero. El espacio iberoamericano sitúa un buen número países en los 20 primeros puestos: México (2º), Costa Rica (3º), Portugal (5º), Ecuador (8º), Colombia (9º), España (16º) y Panamá (19º).
- *Ranking Global de Calidad de vida*[22]. Evalúa 10 categorías y 39 subcategorías, de contexto económico, político, social, ambiental y cultural. Las diez primeras posiciones serían para Viena, Zúrich, Vancouver, Munich, Auckland, Dusseldorf, Frankfurt, Copenhague, Ginebra y Basilea.

---

[19] The Global Liveability Index [https://www.eiu.com/n/campaigns/global-liveability-index-2024/]

[20] World´s Best Cities [https://www.worldsbestcities.com/rankings/worlds-best-cities/]

[21] Expat City Ranking [https://www.internations.org/expat-insider/]

[22] https://www.mercer.com/es-es/insights/total-rewards/talent-mobility-insights/quality-of-living-city-ranking/

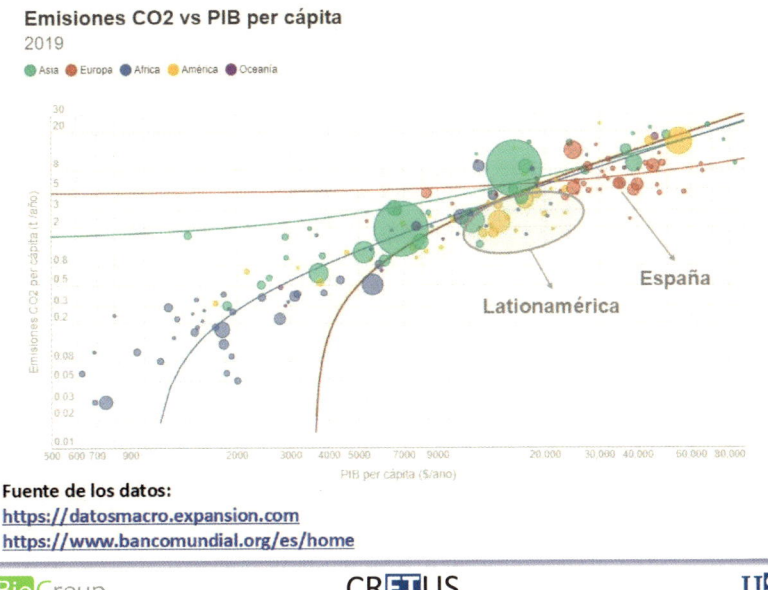

Emisiones CO2 vs PIB per cápita
2019

● Asia ● Europa ● Africa ● América ● Oceania

Fuente de los datos:
https://datosmacro.expansion.com
https://www.bancomundial.org/es/home

BioGroup   CRETUS   USC

Figura 5. Emisión de CO_2 per cápita (en toneladas anuales) frente al PIB per cápita ($/año). El tamaño de la burbuja representa la población.

Una cuestión común a todos ellos es la gran cantidad de datos a procesar para su cálculo. Ello hace que en la época del *big data* la información pueda llegar a abrumar y no permita que un organismo o un ciudadano de a pie pueda reproducir estos indicadores. Como contrapartida surge la opción del small data, esto es, a partir de una mínima cantidad de información se pueda obtener una estimación sobre la descripción del sistema ahorrando tiempo y esfuerzo.

Estimar la sostenibilidad de manera sencilla

En un trabajo publicado por Rama y col. (2021)[23] se ha considerado la opción de definir tres indicadores (uno por cada eje de la sostenibilidad) que permitan estimar de forma sencilla y rápida la

[23] Rama, M., Andrade, E., Moreira, M.T., Feijoo, G., González-García, S. (2021). Defining a procedure to identify key sustainability indicators in Spanish urban systems: Development and application. *Sustainable Cities and Society*, 70:102919.

sostenibilidad de las ciudades donde vivimos o de las ciudades que visitamos. Para ello, se ha partido de más de 100 indicadores que promueven instituciones como la ONU y la UE[24], de los cuales se ha evaluado y cuantificado 38 indicadores (Figura 6). Al aplicarlos sobre 31 ciudades españolas representativas de más 50.000 habitantes se ha podido establecer que los tres indicadores que dibujaban la imagen más aproximada (85% de precisión en la predicción) sobre la sostenibilidad que se obtenía con el análisis global fueron:

Figura 6. Ejemplo de indicadores que se consideran en la evaluación de la sostenibilidad de una ciudad en el ámbito social, económico y ambiental.

[24] Unión Europea: [https://op.europa.eu/es/publication-detail/-/publication/cbaa6e59-437c-11e8-a9f4-01aa75ed71a1]

- Eje social: *tasa de desempleo femenino*. El desempleo femenino se considera un indicador de igualdad de género al cuantificar la igualdad de oportunidades laborales entre hombres y mujeres. Además, esta variable se relaciona proporcionalmente con la tasa de pobreza femenina, y un valor elevado de este indicador puede incluso conducir al riesgo de pobreza infantil. El umbral a partir del cual se puede considerar un buen punto de partida hacia la sostenibilidad es poseer una tasa menor al 14%.
- Eje ambiental: *generación de residuos*. La cantidad de residuos, en kg, que un habitante de la ciudad genera en un año debe ser menor de 423 kg. Este hecho está directamente relacionado con la apuesta por la economía circular. Lo trascendente es minimizar la generación de residuos, pues implica: (i) repensar nuestro modelo de consumo, ajustando la adquisición de los bienes de consumo a las necesidades reales, con la consecuente reducción de materia i energía derivada de la generación, utilización y procesado de productos; (ii) lucha contra el cambio climático con una menor emisión indirecta de gases de efecto invernadero; (iii) reutilizar y reparar los bienes de consumo, aumentando su vida útil.
- Eje económico: *tasa de desempleo*. Se consideró como el porcentaje de personas desempleadas con respecto al total de la población activa (población de 16 a 65 años). Es uno de los indicadores económicos más importantes, ya que refleja de forma más adecuada el bienestar de las familias que la actividad económica (por ejemplo, el PIB). En este caso el umbral de la sostenibilidad se situaría en un valor menor al 16%.

Datos del año 2019 y del año 2023 para diversas ciudades
En la Tabla I se muestran los valores de los tres indicadores considerados para diversas ciudades y su comparación con la media de la UE y de España para el año 2019 y 2023. Estos parámetros están disponibles en las páginas web de cada ciudad, de institutos de estadística de cada país o de organismos internacionales como el

Banco Mundial. También se puede utilizar los buscadores de Inteligencia Artificial, por ejemplo, Copilot, para obtener rápidamente un valor para cada uno de estos parámetros.

Tabla I. Datos de los tres indicadores claves para estimar el estado de la sostenibilidad parra diversas ciudades en el año 2019 y 2023.

Año 2019						
Ciudad	Tasa desempleo femenino (%)		Generación de RSU (kg/habitante año)		Tasa de desempleo (%)	
Berlín	6,3	🟢	457	🔴	5,5	🟢
Bogotá	12,3	🟢	343	🟢	10,9	🟢
Lugo	10,5	🟢	420	🟢	12,6	🟢
Madrid	10,6	🟢	393	🟢	9,2	🟢
Santiago de Chile	8,2	🟢	432	🔴	7,1	🟢
Santiago de Compostela	13,3	🟢	407	🟢	12,1	🟢
Viena	10,8	🟢	546	🔴	12,3	🟢
Media de España y la UE						
España	16,0	🔴	476	🔴	13,7	🟢
UE	7,1	🟢	502	🔴	6,2	🟢
Año 2023						
Ciudad	Tasa desempleo femenino (%)		Generación de RSU (kg/habitante año)		Tasa de desempleo (%)	
Berlín	5,5	🟢	398	🟢	9,2	🟢
Bogotá	11,0	🟢	370	🟢	10,2	🟢
Lugo	9,2	🟢	450	🔴	9,1	🟢
Madrid	10,4	🟢	370	🟢	8,6	🟢
Santiago de Chile	9,1	🟢	413	🔴	9,7	🟢
Santiago de Compostela	9,8	🟢	450	🔴	8,7	🟢
Viena	5,2	🟢	600	🔴	10,5	🟢
Media de España y la UE						
España	13,4	🟢	465	🔴	11,9	🟢
UE	6,2	🟢	511	🔴	5,9	🟢

NOTA: Los umbrales son: 14% para tasa de desempleo femenino, 423 kg de RSU anuales por habitante y 16% para la tasa de desempleo.

Corolario

Las ciudades deben caminar sin pausa hacia la maximización de los flujos de materia y energía que utilizan. Por ejemplo, fortaleciendo las redes de reparación y multiuso (compartir) de los bienes de consumo, fomentando una movilidad alejada del uso del automóvil individual como elemento principal, generando parte de los alimentos (agricultura vertical), mejorando los sistemas de intercambio de energía y siendo capaces de producir una parte de su consumo (con aislamiento, energía geotérmica, paneles solares...). Todo ello conducirá a una minimización de los residuos directos e indirectos urbanos y la generación de nuevos modelos de negocio.

Cómo lograr viviendas autosuficientes como la estación espacial internacional

Siempre he disfrutado con las películas de ciencia ficción, anhelando que nos depararía el futuro. Desde la inigualable Metrópolis[25] de Fritz Lang se han ido sucediendo las películas que mostraban como viviríamos en el futuro, bien profundizando en la utopía bien en la distopia, o proyectando la vida en otros planetas (por ejemplo, la saga *Dune* y la lucha por la «especia»).

Aunque desde la ciencia no podemos hacer, en general, previsiones certeras, sí podemos adelantar algunas tendencias o establecer el escenario ideal. Por ejemplo, las casas del futuro tenderán a comportarse como un ser eficiente y autosuficiente, que trate de vivir en simbiosis con el entorno natural. Su gestión se asemejará a la de la Estación Espacial Internacional, aprovechando al máximo los recursos disponibles[26].

Gestión descentralizada del agua

Los sistemas típicos de gestión del ciclo del agua en las ciudades son centralizados, esto es, se conectan a la red de potabilización y la salida a la red de alcantarillado para su posterior depuración. Este sistema centralizado es cómodo desde el punto de vista del consumidor, pero presenta algunas desventajas a escala global:

- Da lugar a una baja concienciación de lo que implica potabilizar y depurar.
- Presenta problemas de eficacia y coste asociados a las redes de distribución y alcantarillado[27]. Los sistemas centralizados implican una amplia red de tuberías para transportar el agua potable desde la estación potabilizadora a los hogares

---

[25] Las 50 películas que han hecho historia, desde Viaje a la Luna y Metrópolis hasta ExMachina y Strnager Things. Muy Interesante Extra (2021).

[26] Water recycling on the ISS [https://www.youtube.com/watch?v=BCjH3k5gODI]

[27] Lorenzo-Toja, Y., Vázquez-Rowe, I., Chenel, S., Marín-Navarro, D., Moreira, M.T., Feijoo, G. (2015). Eco-efficiency analysis of Spanish WWTPs using the LCA+DEA method. *Water Research* 68:651-666.

y las aguas residuales desde las casas a la estación depuradora. Además, el mantenimiento de estas redes es uno de los quebraderos de cabeza más importante, pues es necesario para evitar pérdidas de agua, reparar las tuberías o atascos que merman la eficacia final del sistema. Adicionalmente, sobre la base de la topografía del lugar puede ser necesario estaciones de bombeo intermedias para impulsar el agua que incrementan notablemente el coste de operación.

• Supone límites y dificultades a la hora de alcanzar mayores rendimientos en las estrategias de economía circular. Mezclar toda el agua residual en una única corriente conlleva una dilución de la carga orgánica que dificulta la aplicación efectiva de tecnologías de recuperación energía o recursos (nutrientes).

Para dar respuesta a estos retos surgen los sistemas descentralizados a nivel de casa, edificio o barrio, unidades de proceso que asumen directamente la gestión total o parcial del agua:

• Reducción del consumo de agua de la red. Busca la autosuficiencia; por ejemplo, incorporando el agua de lluvia al circuito del ciclo del agua en el hogar o instalando sistemas de menor consumo en los baños con inodoros a vacío (similares a los que nos encontramos en los aviones) o conectándolos a la salida del agua del lavamanos.

• Segregación de las corrientes residuales y tratarlas de forma separada. Hablamos de aguas grises (aguas residuales que proceden de duchas, bañeras y lavamanos que presentan un bajo contenido en materia fecal) o negras (aguas fecales) (Figura 7)[28].

---

[28] Estévez, S., González-García, S., Feijoo, G., Moreira, M.T. (2022). How decentralized treatment can contribute to the symbiosis between environmental protection and resource recovery. *STOTEN* 812:151485.

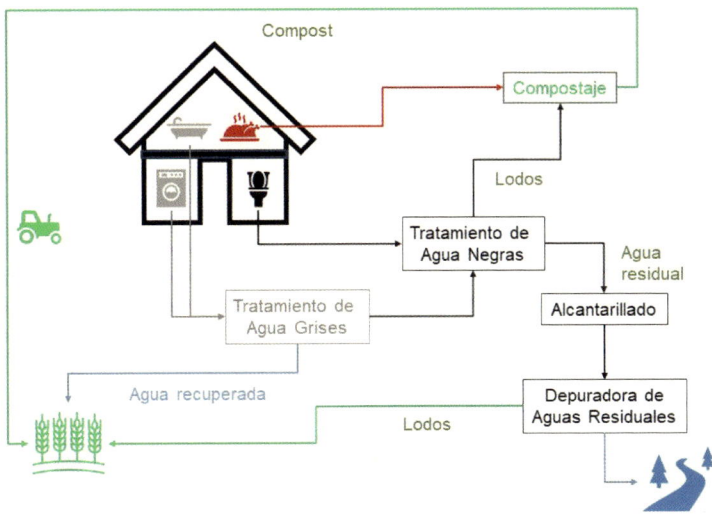

Figura 7. Diagrama con la segregación de corrientes en los hogares y opciones de tratamiento.

- Recuperación del agua tras el tratamiento para riego o consumo. Aplicando tratamiento de depuración y purificación específicos, las aguas residuales generadas en el hogar se pueden reutilizar incluso para consumo humano. Aunque en la Tierra todavía existen reticencias y barrera legislativas, la Estación Espacial Internacional demuestra que es factible. Su sistema de reutilización recoge cada gota que se genera, independientemente de cuál sea su origen (por ejemplo, la respiración, el sudor o la orina) para procesarla y convertirla en agua apta para el consumo humano. Este mismo principio se aplica a los «destiltrajes fremen» de la saga de películas *Dune*, que permiten no perder apenas humedad en el planeta desértico de Arrakis.

Gestión autosuficiente de la energía

Focalizar las actuaciones de autosuficiencia en los hogares es mucho menos problemático que poner placas solares o generadores eólicos que llenen nuestro espacio marítimo-terrestre. Por eso, deberían explorarse con mayor intensidad este tipo de estrategias. Mejorar el desempeño energético, reduciendo de forma lógica el consumo y minimizando las pérdidas, así como evolucionar de forma paulatina a una generación de energía propia cada vez mayor a partir de fuentes renovables (geotérmica, solar...) son claves para un futuro sostenible.

Producción propia de alimentos

Hasta que diseñemos el sintetizador de comida de la nave Enterprise[29], podemos ir haciendo camino al producir parte de nuestros propios alimentos. Una de las opciones que cada vez gana más adeptos es trasladar la huerta a las ciudades, aprovechando los balcones, paredes, techos de edificios, calles o propiedades públicas en estado de abandono[30]. Obviamente la agricultura urbana no es capaz de suministrar la cantidad diaria necesaria de alimentos, pero sin duda es una buena práctica de concienciación en la soberanía alimentaria y de una alimentación sostenible al considerar los alimentos de proximidad como una prioridad de opción de sostenibilidad, los denominados alimentos de kilómetro cero.

Ser consciente de lo que utilizamos y consumimos es una de las mejores acciones para balancear lo que nos ofrece el planeta Tierra y los recursos que necesitamos para nuestro desarrollo sostenible. Así desde 1971 se ha establecido el Día de la Deuda Ecológica que define el día del año en el que la humanidad agota los recursos naturales disponibles para todo el año, con lo que se entra en déficit o deuda ecológica (Figura 8).

---

[29] https://es.wikipedia.org/wiki/Enterprise
[30] Nadal, A., Pons, O., Cuerva, E., Rieradevall, J., Josa, A. (2018). Rooftop greenhouses in educational centers: A sustainability assessment of urban agriculture in compact cities. *STOTEN* 626:1319-1331.

Día de la Deuda Ecológica

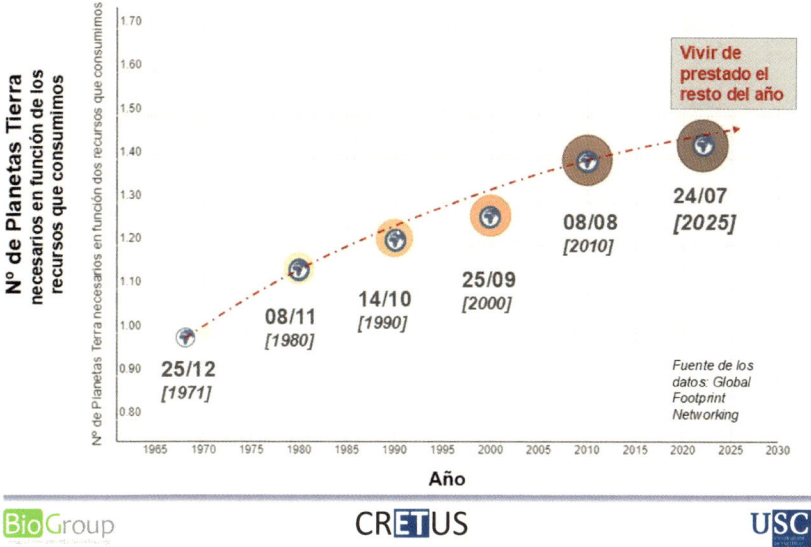

Figura 8. Evolución del día de la deuda ecológica.

Corolario

La transformación de la economía lineal (extraer, fabricar, usar y tirar) en una economía circular (repensar, reutilizar, recuperar, reparar) es necesaria para adecuar el consumo de los recursos naturales a los que nos ofrece el único planeta que tenemos para vivir).

Consumo responsable: guía básica para interpretar las ecoetiquetas

Los ciudadanos y consumidores responsables podemos potenciar aquellas acciones y productos que vertebren el respeto al medio ambiente como eje central, para lo cual el reconocimiento de las ecoetiquetas juega un papel importante. La etiqueta ecológica o ecoetiqueta supone la incorporación de un distintivo o marca colectiva debidamente autorizada por un organismo competente, a los productos que tienen un reducido impacto sobre el medio ambiente siguiendo una serie de criterios ecológicos. Desde que en 1978 se publicase en Alemania la considerada como primera ecoetiqueta, El Ángel Azul (*Blauer Enge*), han proliferado un buen número de ecoetiquetas originadas por la demanda del mercado para identificar y, por tanto, diferenciar aquellos productos que cumplen requisitos ambientales.

Criterios para distinguir los tipos de ecoetiquetas

En el directorio *Ecolabel Index*[31] se recopilan más de 456 ecoetiquetas presentes en 199 países y que abarcar 25 sectores industriales (Figura 9). Tratan de trasladar e inducir en el consumidor la bondad de los productos o procesos con el sello de «sostenible». Ante la avalancha es importante tener unos criterios mínimos que puedan clasificarlas y saber su representatividad e impacto real.

Una propuesta para esta sistematización consiste en la definición de 4 criterios sobre los que podemos evaluar las principales características de las ecoetiquetas (Figura 10):

- *Regulación*. Hace referencia al organismo o institución que otorga la ecoetiqueta, entre los que podemos diferenciar:
  - Autodeclaración. Promovida por la propia empresa del producto, que recolecta los datos y fija los requisitos.

---

[31] https://www.ecolabelindex.com/

- ○ Certificación. En este caso existe un agente externo a la empresa propietaria del producto que valida los datos y, por tanto, la concesión de la ecoetiqueta.
- ○ Gubernamental. La ecoetiqueta esta supervisada por un organismo que pertenece al gobierno bajo la regulación de un decreto o directriz.
- *Ámbito*. Hace referencia al vector ambiental, económico y/o social que analiza. A su vez, cada uno de estos vectores puede definirse con una o varias dimensiones.
- *Alcance*. Hace referencia al número de etapas del ciclo de vida que son evaluadas a la hora de cuantificar los indicadores ambientales y económicos.
- *Destino*. Hace referencia al objetivo de la ecoetiqueta: productos, empresas o sectores.

Figura 9. Espectro de ecoetiquetas que podemos encontrar en los productos, empresas o servicios.

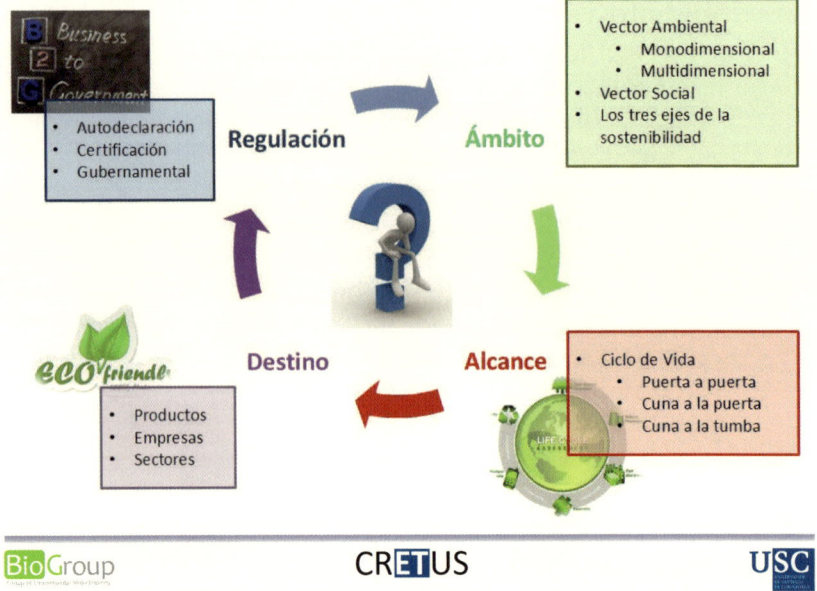

Figura 10. Criterios para caracterizar los diferentes tipos de Ecoetiquetas.

La ecoetiqueta energética europea

En el año 1989 la Comisión Europea desarrolló una iniciativa para contribuir al ahorro energético a través del etiquetado energético[32]. El propósito de esta medida era informar a los clientes del consumo de energía del electrodoméstico en el momento de su utilización, tanto en la forma de uso de la energía, eficiencia y costos de esta. La Figura 11 muestra los criterios fundamentales de esta ecoetiqueta.

La normativa sobre etiquetado energético de electrodomésticos entró en vigor en España en el año 1994. Las etiquetas tienen una parte común que hace referencia a la marca, denominación del apa-

---

[32] DIRECTIVA 2003/66/CE DE LA COMISIÓN de 3 de julio de 2003 por la que se modifica la Directiva 94/2/CE, por la que se establecen las disposiciones de aplicación de la Directiva 92/75/CEE del Consejo en lo que respecta al etiquetado energético de frigoríficos, congeladores y aparatos combinados electrodomésticos.

rato y clase de eficiencia energética; y otra parte que varía de unos electrodomésticos a otros, y que hace referencia a otras características, según su funcionalidad; por ejemplo, la capacidad de congelación para frigoríficos o el consumo de agua para las lavadoras.

El sistema de etiquetado tiene las siguientes características[33]:

- Es obligatorio para electrodomésticos como frigoríficos, congeladores, lavadoras, secadoras, lavavajillas y secadoras de uso doméstico.
- Existen siete clases de etiquetas energéticas que se tipifican, en función de los consumos eléctricos en diferentes colores y con letras del abecedario de la A (que se corresponde a la clase más eficiente) hasta la G (vinculada a la menos eficiente).
- Las etiquetas solo son comparables dentro de un mismo grupo de electrodomésticos.

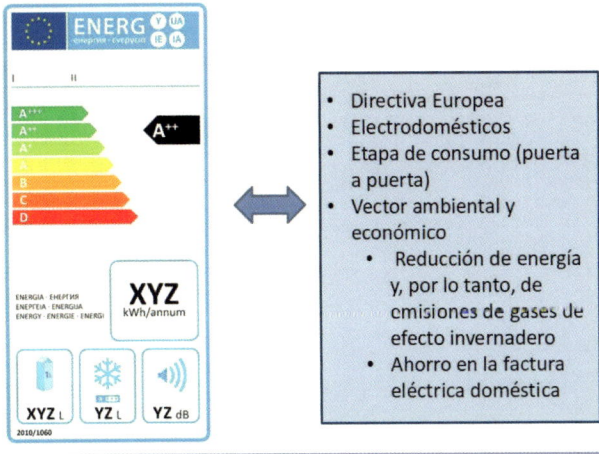

Figura 11. Ecoetiqueta de eficiencia energética.

---

[33] https://europa.eu/youreurope/business/product-requirements/labels-markings/energy-labels/index_es.htm

ÁMBITO
REGULACION
ECOETIQUETAS
ALCANCE
CONSUMO
RESPONSABLE
DESTINO
ISO
TIPOS

Certificado Rainforest Alliance

Los productos que exhiben el sello se originan – o contienen ingredientes que provienen – de fincas o bosques certificados *Rainforest Alliance* (Figura 12)[34]. Estas fincas o bosques son administrados de acuerdo con rigurosos criterios ambientales, sociales y económicos diseñados para conservar la vida silvestre, proteger los suelos y las vías acuáticas, asegurar el bienestar de los trabajadores, sus familias y las comunidades locales, así como mejorar los medios de vida para lograr la verdadera sostenibilidad a largo plazo.

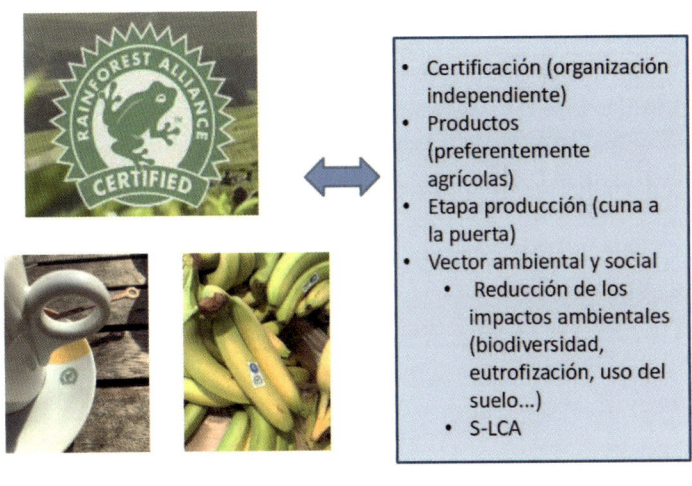

Figura 12. Características de la Certificación *Rainforest Alliance*.

Las explotaciones que desean obtener la certificación *Rainforest Alliance* son auditadas regularmente, tal que aseguren:
- Mantener o aumentar la cobertura boscosa.
- Conservar la calidad del suelo y prevenir la erosión.

---

[34] https://www.rainforest-alliance.org/es/

- Reducir el uso de compuestos químicos.
- Proteger la vida silvestre.
- Asegurar el bienestar de los trabajadores y sus familias facilitando el acceso a la educación y la atención en salud.

Varios productos de Latinoamérica que se exportan a Europa tienen este sello. Por ejemplo, banana (Colombia, Costa Rica, Ecuador, Guatemala, Honduras, Panamá, Perú o República Dominicana), cacao (Bolivia, Colombia, Costa Rica, Ecuador, México o Perú) o café (Brasil, Colombia, Honduras, México o Perú)

Corolario
Un consumidor responsable debe definir primeramente sus necesidades y en segundo lugar optar por aquellos productos que, con el menor impacto ambiental, fomenten el desarrollo socioeconómico del área donde se producen y consumen.

Los científicos somos un poco detectives: el caso de los envenenamientos por arsénico en Arizona[35]

Leyendo un artículo en las playas de la Ría de Arousa (Galicia) sobre el Trióxido de Arsénico (el rey de los venenos[36]) en la monografía sobre «El ABC de la Química» publicada en un especial de la revista Muy Interesante evoqué inmediatamente las películas «Arsénico por compasión»[37] de Frank Capra (con un Raymond Massey espectacular) y «El nombre de la Rosa»[38] de Jacques Annaud (con un magistral Sean Connery) que ilustraban el efecto mortal que tiene una alta dosis en las personas. También me retrotraje al 2002 a una estancia de investigación realizada en la Universidad de Arizona que combinó la ciencia con la actividad detectivesca que siempre lleva asociada.

¿Qué es el Arsénico?

El arsénico es un elemento químico con símbolo As y número atómico 33. Pertenece al grupo de los metaloides o semimetales y aunque se conoce (sobre todo como sulfuros) aproximadamente desde el año –2.500 a. C., no se consigue aislarse hasta el año 1250 gracias a los trabajos realizados por San Alberto Magno. Se en-

74,9216	**33**
As	-3 +3 +5
Arsénico	
$[Ar]3d^{10}4s^24p^3$	

cuentra de manera natural en el medio ambiente. Es un elemento esencial para la vida y su deficiencia puede dar lugar a trastornos; sin embargo, es muy tóxico en su forma inorgánica. El arsénico inorgánico está presente en altos niveles en las aguas subterráneas de países como Argentina, Bangladesh, Camboya, Chile, China, Estados Unidos, India, México, Pakistán y Vietnam.

---

[35] Con cariño para un de mis mentores, el profesor Jim A. Field de la Universidad de Arizona que se jubiló en 2024.

[36] https://www.who.int/news-room/fact-sheets/detail/arsenic

[37] https://es.wikipedia.org/wiki/Arsenic_and_Old_Lace

[38] https://es.wikipedia.org/wiki/El_nombre_de_la_rosa_(pel%C3%ADcula)

La exposición prolongada del arsénico inorgánico, principalmente a través del agua potable y los alimentos, puede provocar una intoxicación crónica cuyos efectos más características son las lesiones cutáneas y el cáncer de piel.

Científicos y (un poco) detectives

El caso que nos ocupa «Arsénico sin compasión» comienza por la evidencia de que el arsénico aparecía como una de las causas relevantes de envenenamiento en el Informe anual de 2002 de la Asociación Americana de Centros de Control de Envenenamientos – Sistema de Vigilancia de Exposiciones Tóxicas[39]. A partir de aquel dato, nos marcamos el objetivo de averiguar de dónde podría proceder el arsénico y, por tanto, explorar qué posibles actividades antropogénicas estaban implicadas. Para ello, empleamos el método científico propuesto por Descartes[40] que podría resumirse muy someramente en tres etapas dentro de un ciclo virtuoso: observación de un fenómeno, definición de una hipótesis explicativa y validación a partir de los datos experimentales

- Primera Hipótesis. Una posible opción era recurrir a una explicación acientífica y considerar, bajo un claro prejuicio de género, que un alto número de las denominadas viudas negras —mujeres que querían acabar con la vida de sus parejas— podría justificar los hechos. No obstante, los datos señalaban que no existía una diferencia significativa en el número de afectados según el sexo y, por tanto, la ingesta involuntaria debería ser la hipótesis más probable

- Segunda Hipótesis. Nos planteamos que los derivados de arsénico procedían del entorno (al aplicar balances de materia a un sistema en estado estacionario y sin generación, la materia que sale del mismo es igual a la que entra[41]) y, de alguna forma, ascendían por la cadena trófica hasta llegar

---

[39] https://www.poison.org/-/media/files/aapcc-annual-reports/npds2002.pdf
[40] https://es.wikipedia.org/wiki/M%C3%A9todo_cartesiano
[41] Feijoo, G., Lema, J.M., Moreira, M.T. (2020). Mass Balances for Chemical Engineers. De Gruyter, Amsterdam.

al ser humano. ¿Esta vía de acceso, desde el ambiente al ser humano, podría deberse a causas socioeconómicas? Esta hipótesis tampoco se pudo validar ya que no existía ninguna relación entre los afectados y las condiciones socioeconómicas o por raza de las personas fallecidas.

- Tercera Hipótesis. La química del arsénico es compleja[42], ya que posee una amplia reactividad derivada de sus estados de oxidación –la oxidación se da cuando un elemento o compuesto pierde uno o más electrones–. Curiosamente, una manera de eliminar el arsénico es oxidarlo a una forma insoluble -arseniato, As^{+5} –en contraposición al arsenito, As^{+3}, que es soluble-, que se deposita en vertederos de residuos inertes. ¿Podría escapar el arsénico de los vertederos y llegar a la cadena trófica?, desde el punto de vista científico sería verificar la existencia de una movilización del arsénico desde los vertederos.

Bacterias que utilizan el arsénico

Las bacterias anaerobias sustituyen el oxígeno por otros elementos como azufre o arsénico para obtener energía a partir de los procesos de oxidación-reducción y, por tanto, movilizar el arsénico. Para validar esta idea se diseñó un experimento con tres reactores cargados inicialmente con la misma cantidad de arseniato adsorbido en alúmina activada y simulando tres posibles situaciones de lixiviación en un vertedero: (R1) reactor con la presencia de materia orgánica (como ácidos grasos volátiles -AGV) y una concentración inicial de bacterias anaerobias; (R2) reactor con AGV pero sin presencia inicial de bacterias anaerobias, (R3) reactor con solo presencia del material inorgánico.

El comportamiento observado en los lixiviados a lo largo de 250 días se muestra en la Figura 13. Cuando está presente materia orgánica se obtiene un caldo de cultivo adecuado para el crecimiento de las bacterias anaerobias (acelerado si ya existe un inóculo inicial)

---

[42] Cotton, F.A., Wilkinson, G. (2005). Química inorganica avanzada. Editorial Limusa, México.

que deriva en una oxidación de arsenito a arseniato y, por tanto, una movilización del arsénico hacia el lixiviado (reactor R1 y R2). Cuando existe un vertedero de residuos inertes perfectamente sellado, la movilización del arsénico es muy baja.

Las corrientes de lixiviación terminan en las aguas subterráneas, de manera que el arsénico puede incorporarse a la cadena trófica y su posterior incorporación a la cadena trófica (por ejemplo, se acumula en los huevos de pollos y patos) y finalmente puede llegar al ser humano.

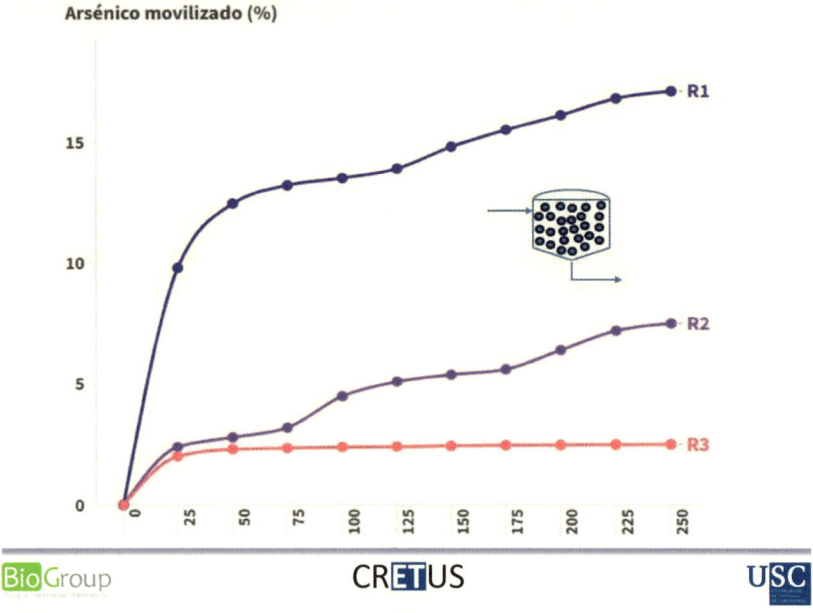

Figura 13. Arsénico movilizado (%) en diferentes configuraciones de vertedero en función de la presencia de materia orgánica y/o bacterias anaerobias. Nota: adaptada a partir del artículo de Sierra-Alvarez y col. (2005)[43].

---

[43] Sierra-Alvarez, R., Field, J.A., Cortinas, I., Feijoo, G., Moreira, M.T., Kopplin, M., Gandolfi, A.J. (2005). Anaerobic microbial mobilization and biotransformation of arsenate adsorbed onto activated alumina. *Water Research*, 39:199-209.

Toxicidad del lixiviado

Además, con la ayuda del Departamento de Farmacología y Toxicología de la Universidad de Arizona detectamos en los lixiviados la presencia del ácido cacodílico (ácido dimetilarsínico) (Figura 14). Este compuesto presenta una amplia problemática lo que multiplica exponencialmente los efectos tóxicos de la corriente de lixiviado:

- Tóxico por ingestión, inhalación o contacto.
- Promueve tumores en presencia de otros compuestos.
- Formaba parte del herbicida Agente Azul usado en la Guerra de Vietnam[44].

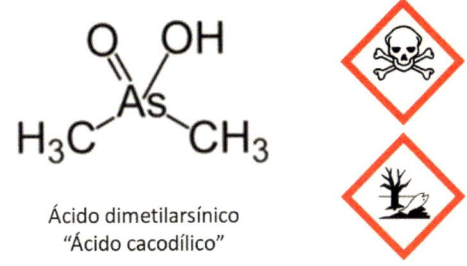

Ácido dimetilarsínico
"Ácido cacodílico"

- Tóxico por ingestión, inhalación o contacto
- Promueve tumores en presencia de otros compuestos
- Herbicida que forma parte del agente azul usado en la Guerra de Vietnam

Figura 14. Ácido cacodílico (ácido dimetilsarínico).

En consecuencia, un mal sellado de los vertederos (defecto estructural) o una mala operación de estos por el depósito de residuos que mezclen materia inorgánica y orgánica aumentan notablemente la probabilidad de una liberación paulatina de metales pesados en

---

[44] https://es.wikipedia.org/wiki/Herbicidas_arco_iris

los lixiviados[45] que derivan casi siempre en situaciones de alarma ambiental[46].

Situación en los vertederos en España

En 2024 la Comisión Europea[47] denunció a España ante el Tribunal de Justicia de la Unión Europea por tener al menos 195 vertederos ilegales sin cerrar, sellar o restaurar desde el 2008, provocando daños graves al medio ambiente y poniendo en peligro la salud de las personas. Ocupamos el segundo puesto en número de infracciones dentro los países de la UE, tras Italia que ocupa el dudoso honor de ser el primero, y el tercero puesto, de este triste pódium, es para Polonia.

Corolario

Se debe actuar preventivamente, combinando simultáneamente un diseño adecuado de la instalación y una buena gestión de los vertederos que obligatoriamente implica una vigilancia y tratamiento de los lixiviados que generan. Los impactos sobre el medio ambiente y finalmente los daños a la salud humana dependen de muchos factores que se pueden concadenar dando lugar a una tormenta perfecta. Prevenir (minimizar) y tener un plan de contingencia (mitigar) es siempre una buena estrategia ambiental.

---

[45] Camba, A., González-García, S., Bala, A., Fullana-i-Palmer, P., Moreira, M.T., Feijoo, G. (2014). Modeling the leachate Flow and aggregated emissions from municipal waste landfills under life cycle thinking in the Oceanic region of the Iberian Peninsula. *Journal of Cleaner Production* 67:98-106.

[46] https://efeverde.com/metales-pesados-vertedero-acuifero-palma/

[47] https://ec.europa.eu/commission/presscorner/detail/en/ip_24_266

El bisfenol A: un enemigo tranquilo

La Unión Europea ha puesto veto a la utilización de bisfenol A (BPA) con la publicación del Reglamento 2024/3190[48]. Han sido más de 20 años de estudios científicos que han puesto coto a este enemigo tranquilo que se introduce lentamente en nuestro organismo a bajas concentraciones y que no descubre sus efectos toxicológicos hasta que nos tiene bien trincados.

¿Qué es el Bisfenol A?

El BPA es un compuesto orgánico que consiste en dos anillos fenólicos (de ahí «bi» y «fenol») unidos por la parte central a una molécula de propano simétrica (Figura 15). Se utiliza fundamentalmente en resinas epoxi y determinados plásticos y algunos policarbonatos. Su misión es la de endurecer la materia plástica, evitar que las bacterias contaminen los alimentos y prevenir que las latas se oxiden. Su uso descontrolado y abusivo en envases lo ha incluido en una larga lista de compuestos que han pasado de adalides del progreso a modelos de generación de problemas ambientales serios:

- Dicloro difenil tricloroetano (DDT), componente de la mayoría de los insecticidas fabricados durante el siglo xx que ha sido usado en el control de enfermedades como la malaria, la fiebre amarilla o el tifus. Tras comprobar que se acumulaba en las cadenas tróficas desde finales del siglo xx está prohibida su producción, uso o almacenamiento y comercio en todo el mundo.
- Freón (CFC-12), el primero de los compuestos denominados clorofluorcarburos utilizados extensamente como refrigerantes en la segunda mitad del siglo xx. Con el trabajo de Rowland & Molina publicado en la revista Nature en 1974[49] (recibieron el premio Nobel en 1995) se demostró la

---

[48] https://eur-lex.europa.eu/legal-content/ES/ALL/?uri=OJ:L_202403190
[49] https://www.nature.com/articles/249810a0

influencia de los CFC en la destrucción de la capa de ozono, lo que influyó decisivamente en la firma del Protocolo de Montreal en 1987[50] para limitar su producción y consumo.

• Hexaclorociclohexano (HCH), utilizado principalmente como insecticida para combatir las plagas en la agricultura. Hoy en día, su toxicidad ha sido comprobada y su uso se encuentra estrictamente limitado en la Unión Europea, siendo prohibido en algunos países, debido a su persistencia en los suelos[51].

Bisfenol A

DDT

CFC-12

HCH

Figura 15. Compuestos orgánicos que han pasado de ser adalides del progreso a entrar en la lista negra de compuestos de gran impacto ambiental.

[50] https://ozone.unep.org/es/taxonomy/term/516

[51] Quintero, J.C., Lú-Chau, T.A., Moreira, M.T., Feijoo, G., Lema, J.M. (2007). Bioremediation of HCH present in soil by the white-rot fungus *Bjerkandera adusta* in a slurry batch bioreactor. *International Biodeterioration & Biodegradation*, 60:319-326.

El BPA tiene la curiosidad estructural principal de mimetizar la de los estrógenos naturales y, por tanto, alterar el sistema endocrino, esto es, ser un disruptor endocrino. Desde comienzos de siglo la dosis de ingesta tolerable («Tolerable Daily Intake», TDI) de BPA se ha ido reduciendo drásticamente, y así en 2006 la Autoridad Europea de Seguridad Alimentaria (EFSA)[52] propuso un valor de 0,05 mg/kg peso corporal/día (Figura 16), que ha sido reducida paulatinamente y para el último informe del 2023 lo sitúa en 0,2 nanogramos/kg peso corporal/día, esto es, una reducción de 250.000 veces.

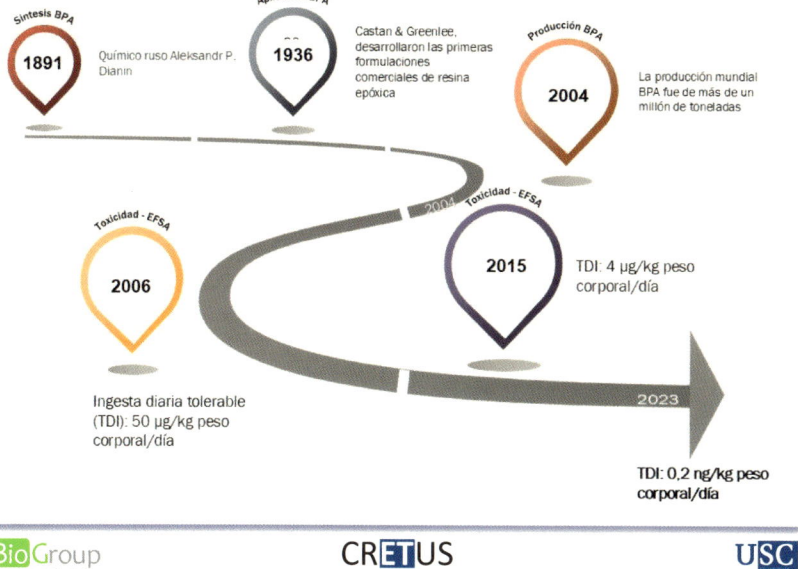

Figura 16. Evolución de la dosis de ingesta tolerable de BPA definido por la Autoridad Europea de Seguridad Alimentaria (EFSA).

---

[52] https://www.efsa.europa.eu/es/topics/topic/bisphenol

Degradación del BPA

Las estaciones depuradoras de aguas residuales constan de diferentes tratamientos para la eliminación de la materia orgánica. Los tratamientos denominados terciarios o postratamientos (ozonización, ultravioleta...) tiene como misión la eliminación de compuestos que los tratamientos biológicos convencionales no son capaces de degradar. El BPA requiere de tratamiento específicos que eviten su vertido en los ríos y puedan producir efectos nocivos sobre la fauna. Existen diversas sistemas físico-químicos o biológicos capaces de eliminar hasta el 95% del BPA presente en las aguas residuales, pero deben ser instalados lo que supone un aumento del coste global de tratamiento.

La legislación ambiental

Uno de los primeros países que legislaron sobre el uso del BPA fue Suecia a raíz de la controversia de su uso en las tetinas de los biberones[53]. Así, en julio de 2012, Suecia aprobó la prohibición del uso de BPA en barnices y revestimientos utilizados en el envasado de alimentos para niños menores de tres años.

Finalmente, el 19 de diciembre de 2024 se publicó el Reglamento (UE) 2024/3190 de la Comisión (con entrada en vigor el 20 de enero de 2025) sobre el uso de bisfenol A y otros bisfenoles y derivados de bisfenoles con clasificación armonizada para propiedades peligrosas específicas en determinados materiales y objetos destinados a entrar en contacto con alimentos. Sus principales directrices son:

- Se prohíbe el uso de BPA y de sus sales para fabricar los materiales y objetos destinados a entrar en contacto con alimentos, así como la comercialización en la Unión de materiales y objetos destinados a entrar en contacto con alimentos que se fabriquen utilizando BPA.
- Se establecen varios periodos transitorios (entre 18 y 36 meses) para su aplicación, sobre todo para objetos finales de

---

[53] https://apps.fas.usda.gov/newgainapi/api/report/downloadreportbyfilename?-filename=Sweden%20bans%20use%20of%20Bisphenol%20A_The%20Hague_Sweden_1-11-2013.pdf

un solo uso destinados a entrar en contacto con alimentos y para los objetos finales reutilizables destinados a entrar en contacto con alimentos.

Corolario

Ya lo dice un viejo refrán «más vale prevenir que lamentar», así una legislación ambiental basada en la prevención a partir de datos científicos supone una reducción de los impactos sobre las personas y el medio ambiente, y sin duda, un menor coste económico derivado de la restauración de nuestros ecosistemas. Sin analizar el pasado no se entiende el presente y no se puede estimar el futuro.

Estos sencillos propósitos ambientales nos ayudarán a ser más sostenibles

Una costumbre milenaria que tenemos los humanos es la de realizar con el solsticio de invierno, o con el de verano, una puesta a punto de nuestras cuestiones pendientes y la consiguiente elaboración de una lista de propósitos para alcanzar nuestros deseos y sueños. Dos de los factores más importantes para poder llevarlos a cabo, y no abandonar a la primera de cambio, son su factibilidad, así como nuestra fuerza de voluntad. Para facilitar ambas razones, la variable sostenibilidad en la elaboración de los propósitos puede ayudar como fuerza impulsora (Figura 17), ya que nuestras metas no solo serán buenas para el «yo», sino también para el planeta, lo que define una componente final de solidaridad con la comunidad.

Figura 17. La sostenibilidad como fuerza impulsora personal y colectiva en la elaboración de propósitos.

En julio de 2021 se publicaron los resultados del informe elaborado por el eurobarómetro[54] sobre la preocupación que los ciudadanos europeos tenían ante diversos problemas mundiales. El «cambio climático» se sitúa como el problema más apremiante, seguido muy de cerca por la «pobreza, hambre y falta de agua» y «la propagación de enfermedades» (Figura 18). La población española tiene un perfil de comportamiento muy semejante, con dos de estos mismos problemas en el pódium. El triplete español es para «la situación económica», «pobreza, hambre y falta de agua» y «cambio climático». Sobre estos dos últimos podemos actuar con pequeños cambios en actividades cotidianas relacionadas con la alimentación, el transporte y el consumo de agua y energía en el hogar.

¿Qué comer?

Una buena alimentación basada en una dieta equilibrada es un aspecto fundamental en nuestra salud según la Organización Mundial de la Salud[55]. Si además intentamos maximizar los alimentos locales y de temporada, así como evitar el despilfarro alimentario, seremos capaces de ayudar a la salud del planeta. Así, una familia de cuatro miembros que minimizase el desperdicio de los alimentos más comunes que componen el carrito de la compra, reduciendo a la mitad lo que finalmente se caduca en las alacenas y en la nevera antes de su consumo, podría ahorrar de media anualmente:

- Dinero: 125 €.
- Agua: 63 m³ de agua (huella hídrica generada por la producción de alimentos desde la tierra o el mar hasta el plato), los cuales equivalen al volumen necesario para llenar una piscina estándar particular.
- Emisiones de gases de efecto invernadero (GEI): 68 kg CO_{2eq}, (dióxido de carbono equivalente), que equivalen a la huella de carbono generada por un coche para el trayecto Santiago de Compostela-Madrid.

---

[54] https://europa.eu/eurobarometer/surveys/detail/2273
[55] https://www.who.int/es/news-room/fact-sheets/detail/healthy-diet

Eurobarómetro [05/07/2021]
¿Cuál de los siguientes problemas mundiales considera que es el más grave ?

UE27		España	
Proliferacion de armas nucleares	2	Proliferacion de armas nucleares	
Conflictos armados	4	Conflictos armados	3
Binomio contaminación-salud	4	Binomio contaminación-salud	3
Terrorismo internacional	4	Terrorismo internacional	1
Aumento de la población mundial	6	Aumento de la población mundial	2
Calidad democrática	7	Calidad democrática	5
Destrucción de la naturaleza	7	Destrucción de la naturaleza	5
Situación económica	14	Situación económica	26
Propagación de enfermedades	17	Propagación de enfermedades	15
Pobreza, hambre y falta de agua	17	Pobreza, hambre y falta de agua	23
Cambio climático	18	Cambio climático	16

0 2 4 6 8 10 12 14 16 18 20 22 24 26   0 2 4 6 8 10 12 14 16 18 20 22 24 26

Figura 18. Importancia sobre diversos problemas mundiales según el eurobarómetro del julio de 2021 que se realizó entre ciudadanos europeos. También se muestra el perfil para España.

¿Cómo desplazarse?

El transporte de personas y mercancías suponen aproximadamente un 25% de las emisiones globales mundiales de GEI. Cambiar el modo de desplazarnos ayuda a todos los ejes de la sostenibilidad: económico (ahorro de combustible), social (ciudades orientadas al ciudadano) y ambiental (menor contaminación y minimización de la emisión de GEI). Podemos considerar diferentes opciones:

- Usar la bicicleta y caminar, que además de aumentar el ejercicio físico, significa un ahorro económico y ambiental. Así, una persona que realice unos 11.000 pasos diarios en sus desplazamientos (por ejemplo, evitando el uso de ascensor o trayectos cortos en coche) puede suponer un mínimo de ahorro anual de 180 € y la reducción de emisión de 350 kg CO_{2eq}.

- Usar transporte público. Para calcular el ahorro económico que supone evitar el uso particular del coche, además del coste del combustible, es necesario evaluar el coste de mantenimiento y estacionamiento. Ambientalmente, la emisión per cápita de GEI se reduce drásticamente al compartir el medio de locomoción y, por tanto, repartir el impacto.
- Y si, finalmente, no podemos prescindir del coche porque no existe alternativa, se puede adaptar la forma de conducción para minimizar el consumo combustible y, por tanto, ahorrar dinero y evitar emisiones de GEI[56]. Por cada litro de gasolina o gasoil que ahorremos se podrá obtener una reducción entre 1,5 y 2,2 kg CO_{2eq}, según el modelo y motorización del vehículo.

¿Cómo ser ecoeficiente en el hogar?

Reducir el consumo de agua en los hogares tiene un impacto económico y ambiental directo [57], ya que el coste del agua oscila en España entre 1-3 €/m³ y una huella de carbono del ciclo del agua (potabilización, distribución, alcantarillado y tratamiento) de 0,15-0,50 kg CO_{2eq}/m³. Unas buenas prácticas para ahorrar el consumo innecesario de agua son (Figura 19):

- Evitar el goteo de los grifos, ya que pueden suponer una pérdida de 30 L diarios.
- Realizar un mantenimiento adecuado de las lavadoras y lavavajillas, ya que su consumo supone entre 30 y 70 L por uso.
- Los inodoros gastan unos 10 L cada vez que tiramos da cisterna, por lo que utilizar sistemas que usen aguas grises o sistemas a vacío reducirán sensiblemente este gasto[58].

---

[56] https://www.ocu.org/coches/coches/noticias/ahorrar-gasolina-al-conducir

[57] Lorenzo-Toja, Y. Vázquez-Rowe, I., Amores, M.J., Termes-Rifé, M., Marín Navarro, D., Moreira, M.T., Feijoo, G. (2016). Benchmarking wastewater treatment plants under and eco-efficiency perspective. *STOTEN*, 566-567:468-479.

[58] Estévez, S., González-García, S., Feijoo, G., Moreira, M.T. (2022). How decentralized treatment can contribute to the symbiosis between environmental protection and resource recovery. *STOTEN*, 812:151485.

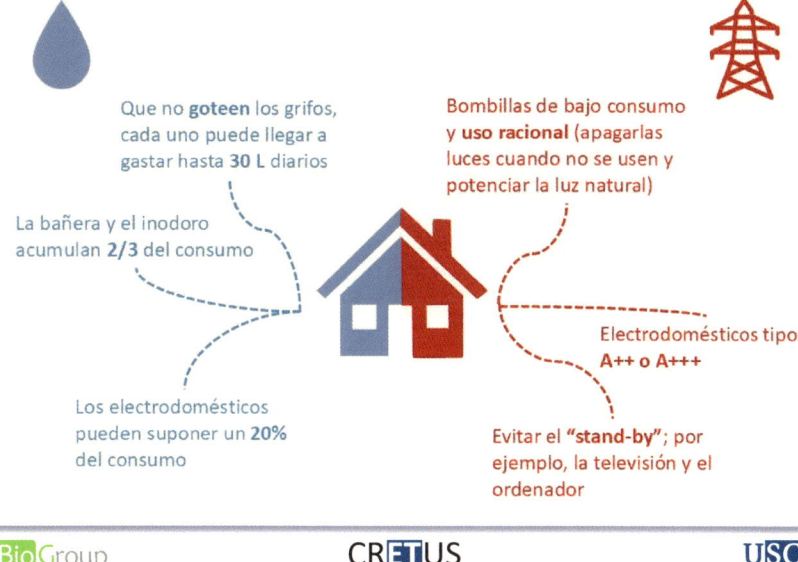

Que no **goteen** los grifos, cada uno puede llegar a gastar hasta **30 L** diarios

La bañera y el inodoro acumulan **2/3** del consumo

Los electrodomésticos pueden suponer un **20%** del consumo

Bombillas de bajo consumo y **uso racional** (apagarlas luces cuando no se usen y potenciar la luz natural)

Electrodomésticos tipo **A++ o A+++**

Evitar el **"stand-by"**; por ejemplo, la televisión y el ordenador

Figura 19. Buenas prácticas para ahorrar el consumo de aguas y energía en los hogares.

Los electrodomésticos son los grandes responsables del consumo energético en los hogares, aproximadamente un 50% del mismo. Por ello, definir un Plan de Renovación (muchas autonomías tienen ayudas directas al respecto) de los electrodomésticos, optando por los catalogados como A++ o A+++ según la ecoetiqueta energética europea, significará un ahorro considerable en la factura (de media un 30%). Una acción adicional es evitar el consumo fantasma de los electrodomésticos, es decir, cuando no los apagamos completamente y se quedan en modo «stand-by», ya que están consumiendo energía sin prestar ningún servicio.

Corolario

Unos buenos propósitos sostenibles deberían partir de la base de que nuestro hogar fuese la Estación Espacial Internacional, optimizando el consumo de agua y energía, buscando el máximo ahorro al equilibrar el consumo a los recursos disponibles.

ARISTA SEGUNDA

Las palabras y los datos de la sostenibilidad

¿Quo vadis ODS?

En el año 2025 se cumplen dos tercios del tiempo previsto para lograr los diferentes Objetivos de Desarrollo Sostenible (ODS) establecidos en la Agenda 2030 de la ONU (Figura 20), se avecinan momentos de incertidumbre, ya que su consecución implica un componente fundamental de voluntad política. A finales del año 2023[59], aún quedaban un alto porcentaje de metas por alcanzar, mientras que sólo un pequeño número de objetivos estaban bien encaminados: sólo un 15% están bien encauzados, un 48% se encuentran moderadamente retrasados y un 37% están estancados o en serio peligro de no conseguirse. En este contexto, es fundamental destacar que, desde una perspectiva científica, un análisis exhaustivo de la sostenibilidad de procesos, productos y servicios genera beneficios económicos, ambientales y sociales[60]. Esto se debe a que «repensar» y «rediseñar» implica detenerse a reflexionar, evitando la aplicación automática de mecanismos sin un análisis crítico.

Visión global

La Unión Europea ha desarrollado una página web dinámica que permite conocer la situación de cada país en relación con los ODS[61]. A tal efecto define dos indicadores (Figura 21): (1) *Estatus de país*: representa la agregación de todos los indicadores del objetivo específico en comparación con la media de la UE; (2) *Puntuación de progreso*: se basa en las tasas medias de crecimiento anual de todos los indicadores evaluados dentro de un objetivo específico durante los últimos cinco años.

---

[59] https://unstats.un.org/sdgs/report/2023/The-Sustainable-Development-Goals-Report-2023_Spanish.pdf

[60] Arias, A., Feijoo, G., Moreira, M.T. (2023). Advancing the European energy transition based on environmental, economic and social justice. *Sustainable Production and Consumption* 43, 77-93.

[61] https://ec.europa.eu/eurostat/cache/visualisations/sdg-country-overview/

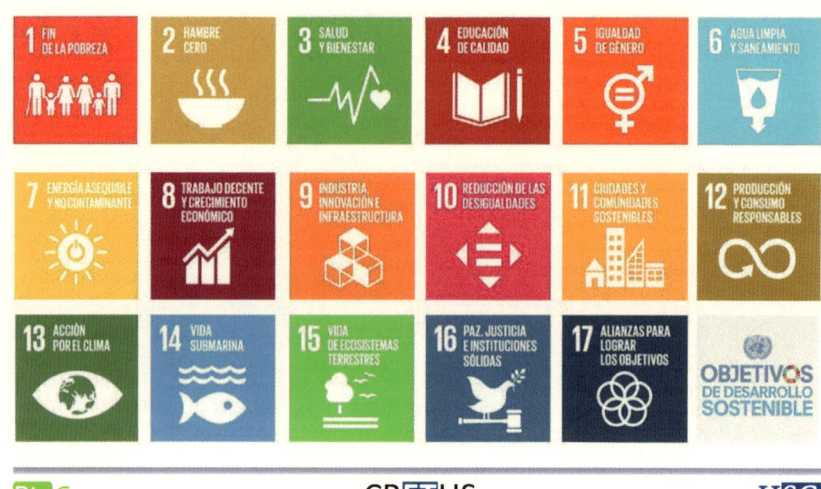

Figura 20. Objetivos de Desarrollo Sostenible.

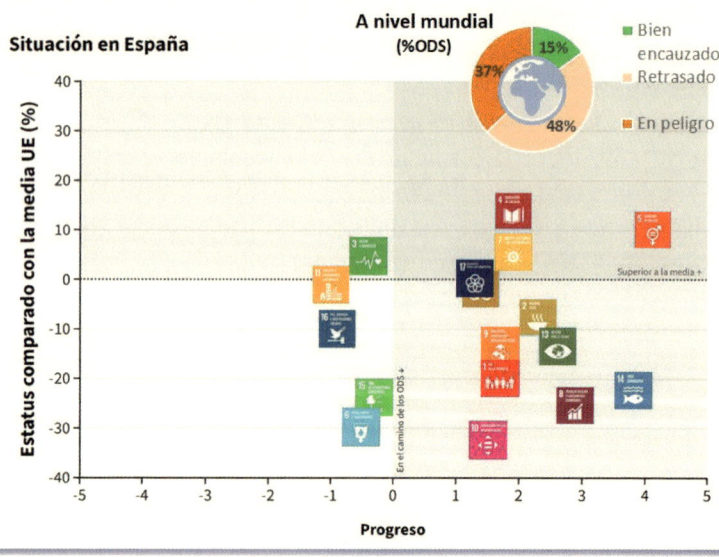

Figura 21. Estado del cumplimiento de los ODS a nivel mundial (ONU, 2023) y en España.

Cambio climático
[ODS7, ODS9, ODS11, ODS12, ODS13]

Una de las principales preocupaciones de la sociedad es el calentamiento global, un desafío abordado de manera transversal en distintos ODS. Tres factores son clave en la emisión de gases de efecto invernadero (GEI): (a) la generación y el consumo de energía, (b) la producción y el consumo de alimentos y (c) la movilidad de personas y bienes de consumo[62]. A nivel mundial, las emisiones de dióxido de carbono (CO_2e), en toneladas per cápita, se han mantenido constantes en un valor de 4,7 tCO_2e durante el período 2015-2023. Sin embargo, la evolución varía significativamente entre países (Figura 22). En España, por ejemplo, las emisiones se redujeron en un 20 %, pasando de 5,92 a 4,94 tCO_2e, aunque aún superan la media global.

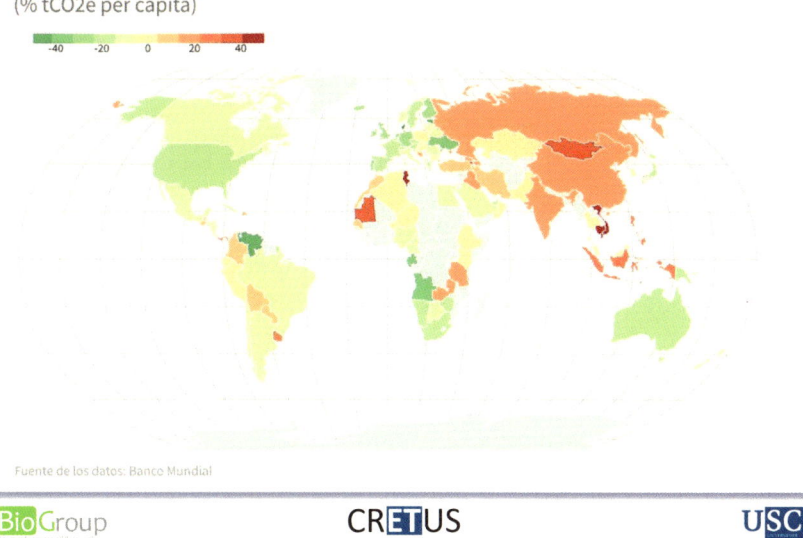

Variación emisión CO2e (2015-2023)
(% tCO2e per cápita)

Fuente de los datos: Banco Mundial

Figura 22. Variación de emisión de tCO_2e per cápita para el período 2015-2023.

---

[62] Fuglestvedt, J., Terje Berntsen, T., Myhre, G., Rypdal, K., Skeie, R. (2008). Climate forcing from the transport sectors. *PNAS* 105, 454-458.

El binomio energía-desarrollo económico ha sido ampliamente evaluado, pero la clave radica en lograr un desempeño energético óptimo. Esto implica actuar tanto en la generación de energía, promoviendo fuentes menos contaminantes, como en su uso eficiente, minimizando pérdidas y sobreconsumos innecesarios. Por otro lado, el crecimiento de la población mundial representa un desafío para la seguridad alimentaria. Si bien la descarbonización de la producción de alimentos es un objetivo en constante desarrollo, debe ir acompañada de una gestión responsable por parte de todos los actores de la cadena de valor, con el fin de reducir el desperdicio alimentario.

No sobrepasar el umbral de 1,5°C y 2°C por encima del promedio de la era preindustrial (1850-1900) son hitos definidos para minimizar los impactos del cambio climático. Que se haya cruzado temporalmente (por ejemplo, en enero de 2025) esas marcas no significan necesariamente que se haya incumplido los objetivos, pero sí indica que estamos peligrosamente cerca de ese punto.

Gestión del agua
[ODS6]

El agua es un recurso esencial para la vida tal como la conocemos hoy en día. En muchos países, su acceso es una cuestión de supervivencia: 800 millones de personas carecen de acceso a agua potable y 2.200 millones no disponen de un servicio de gestión segura de agua potable. Entre 2015 y 2022, el porcentaje de la población con acceso a agua potable segura aumentó aproximadamente un 5%, alcanzando el 73% a nivel mundial, aún lejos de la cobertura universal. La desigualdad entre norte-sur es evidente, siendo el África Subsahariana una de las regiones más afectadas y con mayor necesidad de apoyo.

Salud Global
[ODS1, ODS2, ODS3]

Una nutrición adecuada está estrechamente vinculada a un mejor estado de salud general. Sin embargo, el número de personas que padecen hambre e inseguridad alimentaria ha aumentado de forma constante. En 2022, aproximadamente el 9,2 % de la población mundial, es decir, alrededor de 735 millones de personas, sufría hambre crónica. La pandemia de covid-19 tuvo un impacto claramente negativo en el cumplimiento de las metas establecidas en 2015. A pesar de ello, se han logrado avances significativos en algunos ámbitos:

- La mayoría de los países, con excepción del África Subsahariana, han alcanzado el umbral fijado para la mortalidad infantil en menores de 5 años.
- El tratamiento eficaz del VIH ha reducido en un 52 % las muertes relacionadas con el SIDA a nivel mundial desde 2010.

Por el contrario, los avances en la reducción de la mortalidad materna y la ampliación de la cobertura sanitaria universal siguen estando lejos de los objetivos deseados. Estos indicadores están estrechamente relacionados con el PIB de cada país y tienen un impacto directo en la esperanza de vida (Figura 23).

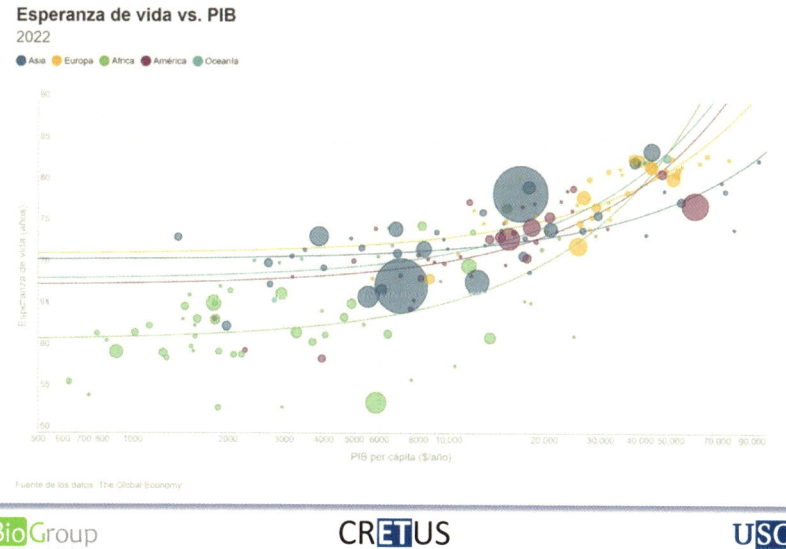

Figura 23. Esperanza de vida versus PIB per cápita. Nota: El tamaño de la burbuja representa la población y el color el continente.

Igualdad
[ODS4, ODS5, ODS8, ODS10]

La educación y la igualdad están estrechamente relacionadas y contribuyen a mejoras en todos los ámbitos de la sostenibilidad. A nivel global, solo uno de cada seis países alcanzará la meta de finalización de la enseñanza secundaria para 2030, y aproximadamente 300 millones de estudiantes carecerán de competencias básicas en aritmética y alfabetización.

El desempleo femenino es un indicador clave de igualdad y está directamente vinculado a la tasa de pobreza entre las mujeres. Un alto nivel de desempleo femenino puede incluso aumentar el riesgo de pobreza infantil. Según Rama y col. (2021)[63], una tasa inferior al

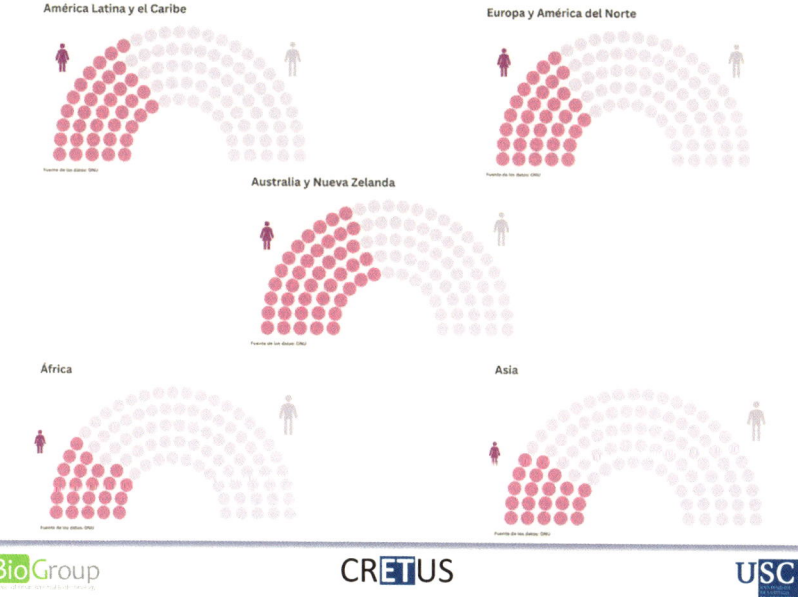

Figura 24. Presencia porcentual de mujeres en los parlamentos nacionales según el área geográfica a comienzos de 2023.

[63] Rama, M., Andrade, E., Moreira, M.T., Feijoo, G., González-García, S. (2021). Defining a procedure to identify key sustainability indicators in Spanish urban systems: Development and application. *Sustainable Cities and Society* 70, 102919.

14% se considera un punto de partida adecuado para la sostenibilidad. Sin embargo, la situación actual dista mucho de este objetivo, ya que las mujeres jóvenes tienen más del doble de probabilidades de estar desempleadas (32,1%) en comparación con los hombres jóvenes. Además del acceso al empleo, la igualdad también implica alcanzar puestos de toma de decisiones, como la representación en los parlamentos nacionales (Figura 24). A principios de 2023, la proporción mundial de mujeres en los parlamentos nacionales alcanzó el 26,5%, lo que representa una leve mejora de 4,2% desde 2015.

Biodiversidad
[ODS14, ODS15]

La biodiversidad del planeta se encuentra seriamente amenazada. El aumento de la eutrofización, la acidificación, el calentamiento de los océanos y la contaminación por plásticos deterioran su salud, que debe reconducirse con una gobernanza basada en la equidad[64]. En tierra, la creciente tendencia a la pérdida de bosques, degradación de los suelos y la extinción de especies suponen una grave amenaza para el planeta. Por ejemplo, la cobertura forestal mundial disminuye paulatinamente; en el año 2000 el planeta poseía un 31,9% (4.200 millones de hectáreas) y al final del 2020 se había reducido al 31,2% (4.100 millones de hectáreas).

Democracia y Digitalización
[ODS16, ODS17]

El índice del estado de derecho (-2,5 débil; 2,5 fuerte) evalúa diversos factores como, por ejemplo, ausencia de corrupción, justicia civil y penal o límites al poder gubernamental. Desde 2018 sigue una línea descendente, con un valor medio mundial en 2023 de -0,04 puntos (el valor más alto corresponde a Finlandia, 1,97, y el menor para Somalia, -2,21).

---

[64] Bennett, N.J., Relano, V., Roumbedakis, K., Blythe, J., Andrachuk, M., Claudet, J., Dawson, N. Gill, D., Lazzari, N., Mahajan, S.L., Muhl, E.K., Riechers, M., Strand, M., Villasante, S. (2025). Ocean equity: from assessment to action to improve social equity in ocean governance. *Frontiers in Marine Science* 12, 1473382.

No cabe duda de que las tecnologías digitales permiten una mejor conectividad, lo que fomenta, en líneas generales, sin desechar los problemas derivados de las noticias falsas, los procesos democráticos (Figura 25). El uso de Internet alcanza a dos tercios de la población mundial, pero persisten diferencias entre géneros y conectividad. Se calcula que aproximadamente 5.300 millones de personas –el 67% de la población mundial– utilizaron Internet en 2023 frente al 40% de cobertura en 2015.

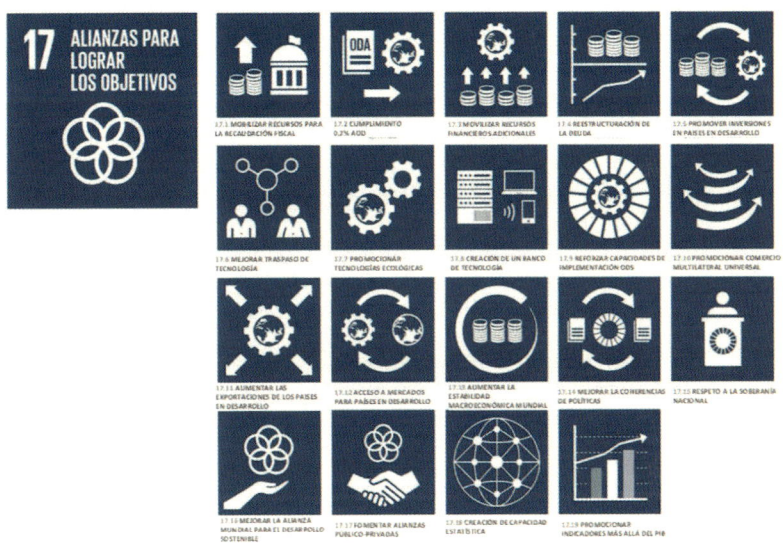

Figura 25. Acciones y metas del ODS17 (Alianza para los objetivos.

Una cuestión que en el año 2015 (aprobación de la Agenda 2030) no tenía la gran relevancia actual son los aspectos relacionados con la ciberseguridad. El aumento de la conectividad ha sido exponencial tras la epidemia de la covid-19, pero trae consigo como «lado oscuro de la fuerza» los ciberataques, que están a crecer de forma exponencial. El último informe de Europol[65] señala los puntos críticos a ter en conta, siendo fundamental la formación en competencias digitales como primera linea de defensa (Figura 26).

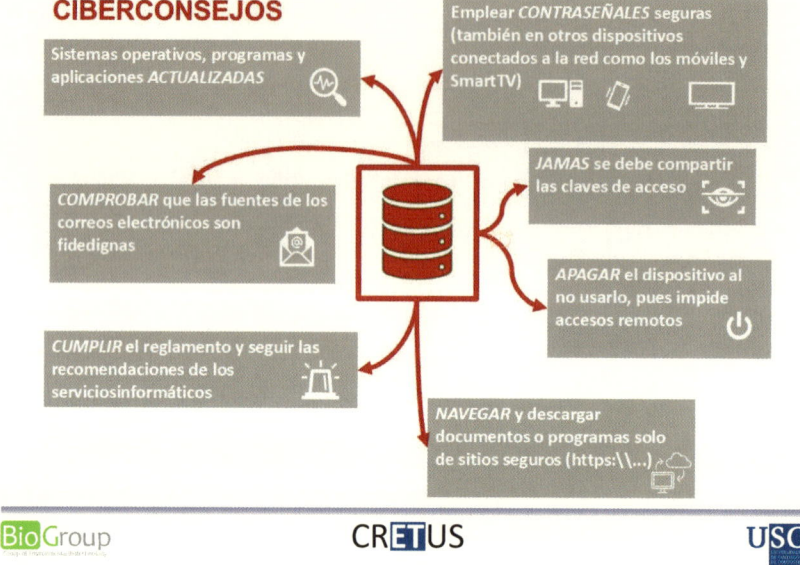

Figura 26. Ciberconsejos para reducir las probabilidades de sufrir ciberataques.

Corolario

El avance hacia el cumplimiento de los ODS ha perdido el impulso inicial. Tras una etapa prometedora, los logros alcanzados se han estancado, con solo un 15% de las metas progresando de manera satisfactoria. Aunque, desde un punto de vista técnico, las metas planteadas son alcanzables y factibles, el verdadero desafío radica en fomentar una mayor conciencia social sobre la importancia de proteger nuestro planeta. Solo a través de un cambio profundo en la mentalidad colectiva podremos garantizar un futuro sostenible para las próximas generaciones.

---

[65] Europol 2025: The changing DNA of serious and organized crime. https://www.europol.europa.eu/cms/sites/default/files/documents/EU-SOCTA-2025.pdf

¿Cómo llevamos el cumplimiento del ODS6: agua limpia y saneamiento?

Uno de los parámetros que analiza la astrobiología para la búsqueda de vida extraterrestre es la presencia de agua en los exoplanetas. El agua desempeñó y desempeña un papel trascendental en el origen y desarrollo de la vida en nuestro planeta; pero desafortunadamente, es cada vez más un bien escaso. Los cambios en el régimen de precipitaciones con períodos de sequía más prolongados y acelerados por el cambio climático, junto con un mayor consumo per cápita a nivel mundial, han supuesto un aumento en el número de países con dificultades para abastecer adecuadamente todas las actividades humanas.

La ONU definió en el 2015 la Agenda 2030, dedicando uno de los 17 Objetivos de Desarrollo Sostenible al «Agua Limpia y Saneamiento» (ODS6). Además, incluyó una serie de indicadores a monitorizar para conseguir las metas del ODS6 (Figura 27) y, por tanto, el éxito o no de las acciones que los diversos países y sociedades están llevando a cabo[66].

Figura 27. Acciones y metas del ODS6 (Agua limpia y saneamiento).

---

[66] https://www.sdg6data.org/es

Acceso a agua potable (meta 6.1)

Se considera que una persona tiene acceso a agua potable si su fuente está a menos de 1 km y si, por lo menos, se pueden garantizar unos 20 L por persona y día. Bajo esta premisa, unos 2.000 millones de personas en el mundo (el 27% de la población mundial) no tiene acceso a agua potable sin riesgos (Figura 28), porcentaje que se ha incrementado en un 1% con relación al año 2020. En el África subsahariana, esto supone un problema de supervivencia, ya que solo un 24% de la población tiene acceso a agua potable.

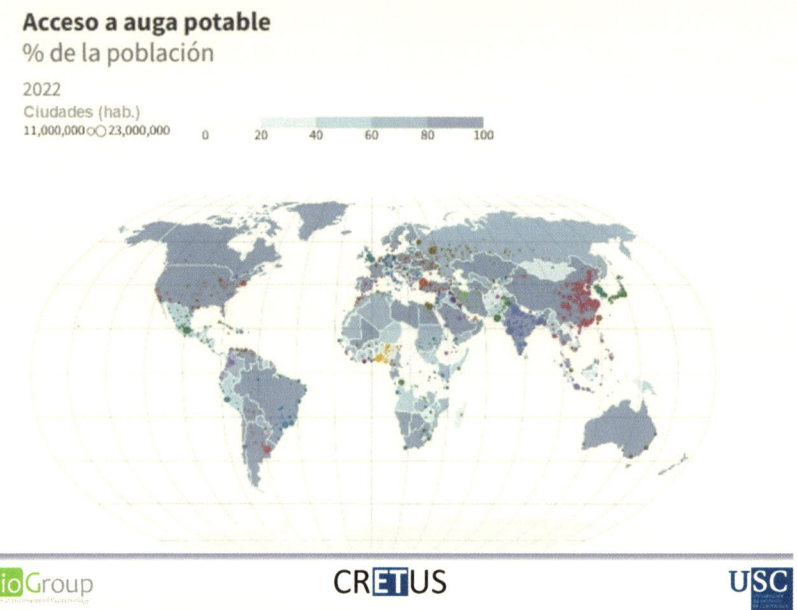

Figura 28. Distribución mundial del acceso a agua potable (servicio básico o servicio gestionado sin riesgos). El valor promedio mundial de población con acceso a agua potable en 2022 fue del 73%.

Tratamiento de aguas residuales (meta 6.3)

No tratar el agua residual supone no solo un serio problema de salud pública debido a la propagación de enfermedades infecciosas como la fiebre tifoidea o el cólera, sino también una contaminación ambiental de las cuencas con vertidos de materia orgánica y nitrogenada. Además, desde un punto de vista de la economía circular, la ausencia de tratamiento de aguas residuales supone la pérdida de recursos materiales y energéticos, comenzando por la reintroducción en el ecosistema de agua regenerada (Figura 29). Para el bienio 2020-2022, el porcentaje de aguas residuales tratadas a nivel mundial ha subido un 2%, pasando del 56 al 58%.

En España, un 79,90% de las aguas domésticas son tratadas adecuadamente. Este dato es significativamente inferior a la media para América del Norte y Europa (86,48%). Se encuentra también en el rango inferior con relación a los países del sur de Europa (Francia, 87,94%; Grecia, 89,68%; Italia, 70,22%; Portugal, 87,51%), y notablemente inferior a los porcentajes que alcanzan los países del norte de Europa (Alemania, 98,96%; Dinamarca, 98,79%; Países Bajos, 99,79%; Suecia, 96;98%).

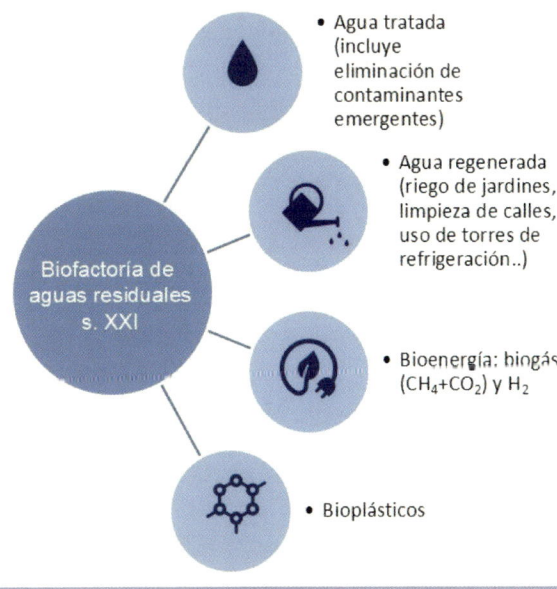

Figura 29. Potencialidades de una biofactoría a partir de aguas residuales según los principios de la economía circular.

Eficiencia de los recursos hídricos (meta 6.4)

Ser eficaces significa conseguir un determinado objetivo, pero ser eficientes implica alcanzarlo mediante una optimización mínima de los recursos. Así, podemos acabar con una mosca mediante un cañonazo o un matamoscas, y en ambos casos seremos eficaces si realmente no se nos escapa, pero solo eficientes en el segundo caso. Así, el indicador que monitoriza esta meta es la relación entre el valor añadido y el volumen de agua utilizada (18,9 $/m^3$ en 2020, esto es, aproximadamente 16,6 €/m³). A este valor afectan, entre otros, el coste de potabilización y el de tratamiento de aguas residuales.

La norma ISO 14045:2012 (estándar internacional de certificación sobre la gestión de la ecoeficiencia)[67] permite la representación esquemática de un sistema considerando el eje económico y ambiental de la sostenibilidad. En la Figura 30 se representan la

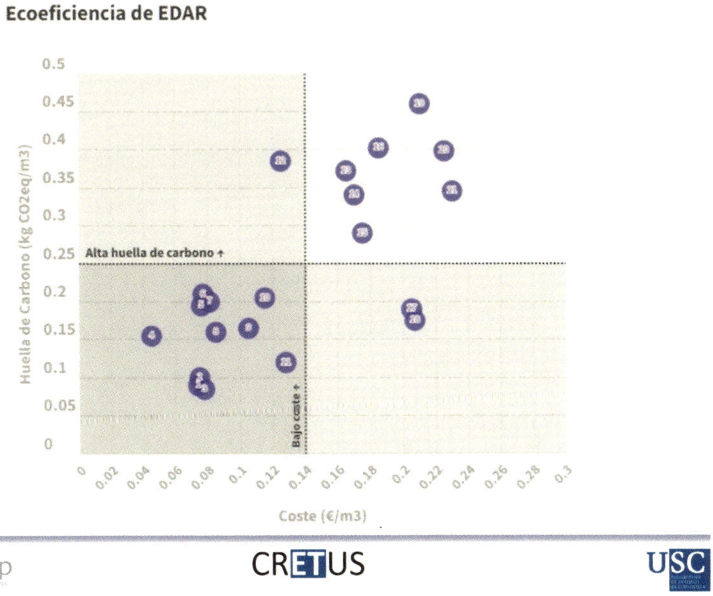

Figura 30. Evaluación comparativa de las estaciones depuradoras de aguas residual en relación con la huella de carbono y los costes por metro cúbico de agua tratada.

---

[67] https://www.iso.org/obp/ui#iso:std:iso:14045:ed-1:v2:es

ecoeficiencia de diversas estaciones depuradores de aguas residuales españolas considerando el coste de agua tratada y la huella de carbono de cada una de ellas. Siendo sistemas análogos existe un espectro amplio de funcionamiento y, por tanto, de mejora[68].

Corolario

A pesar de que la falta de agua es uno de los problemas que más preocupa a los europeos, tenemos un largo camino por recorrer. Contamos con la voluntad y preocupación de la sociedad, los conocimientos de ciencia y tecnología necesarios. Solo queda acompasar las prioridades de la agenda política para de verdad conseguir los retos marcados para un planeta realmente azul.

---

[68] Lorenzo-Toja, Y., Vázquez-Rowe, I., Amores, M.J., Ternes-Rifé, M., Marín-Navarro, D., Moreira, M.T., Feijoo, G. (2016). Benchmarking wastewater treatment plants under and eco-efficiency perspective. *STOTEN* 566-567:468-479.

La universidad y la ciencia ante el desastre del Prestige

En una visita a la localidad de Muxía, en la Costa da Morte, durante el fin de semana del 23 y 24 de noviembre de aquel fatídico 2002, notamos un fuerte olor a fuel. Ese mismo domingo decidimos suspender las clases del Graduado Superior en Ingeniería Ambiental de la Universidad de Santiago de Compostela y dedicarlas a otra labor: analizar el vertido de fuel que desde hacía unos días teñía una vez más de negro el mar y la costa de Galicia.

El día 19 de noviembre de 2002, a 133 millas náuticas de Finisterre, se hundía a primera hora de la mañana el petrolero monocasco *Prestige* (con pabellón de Bahamas) después de una semana de recorrido por el litoral gallego. La odisea comenzó el 13 de noviembre a las 15:15h, cuando se recibía la primera llamada de auxilio del buque a unas 12 millas náuticas al oeste de Cabo Touriñan. Ese día se comenzaba a mascar otra tragedia medioambiental, casi diez años después de la última producida por otro petrolero, el Mar Egeo, cerca de la Torre de Hércules en A Coruña. Y antes se habían producido ya otros hundimientos (Figura 31):

- Petrolero *Polycommander* (1970): se hunde en la ría de Vigo.
- Petrolero *Urquiola* (1976): se hunde a las puertas de A Coruña.
- Petrolero *Andros Patria* (1978): sufre un severo accidente frcntc a Malpica.
- Buque *Casón* (1987): se hunde cerca del Faro Finisterre.
- Petrolero *Mar Egeo* (1992): se hunde a la altura de la Torre de Hércules de A Coruña.
- Petrolero *Prestige* (2002): se hunde enfrente de las costas gallegas.

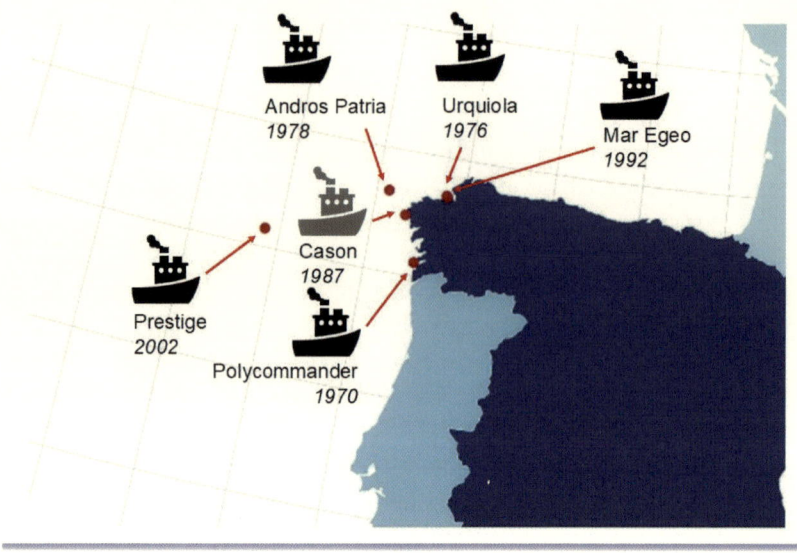

Figura 31. Naufragios de buques con productos químicos o petróleo en las costas gallegas durante el período 1970-2002.

El «corredor marítimo de Finisterre» supone una verdadera autopista de buques[69]; con una media anual de 35.000 buques que supone unos 250 millones de toneladas de mercancías, lo que da una magnitud del flujo de materiales asociadas al modelo de consumo europeo basado fundamentalmente en la economía lineal. Así, el accidente del Prestige supuso un cambio en la configuración de corredor marítimo de Finisterre, pasando a estar en una franja entre las 20 y 40 millas; y la extensión de la legislación de doble casco de los buques petroleros.

Marea Negra: Fuel M-100

El fuel está constituido por los componentes más pesados del petróleo, procedente de los residuos de las destilaciones del cru-

---

[69] https://www.marinetraffic.com/en/ais/home/centerx:-5.4/centery:43.3/zoom:5

do de petróleo. Su principal aplicación es su uso como combustible en instalaciones térmicas industriales (calderas, generadores de vapor, hornos, etc.), pero también en motores diésel lentos (por ejemplo, motores marinos). Los fuelóleos muy viscosos (denominados *bunker oils*) solo se pueden emplear con quemadores de diseño especial a altas temperaturas. Por ello, se utilizan diversas técnicas para obtener fuelóleo de baja viscosidad (denominados *cutter-stocks*) de modo que el producto resultante tenga la viscosidad dentro del margen especificado para su uso final. El fuel M-100 es la denominación de uno de estos fuelóleos. Debido a su formulación los fuelóleos presentan entre su composición diversos hidrocarburos aromáticos policíclicos que se caracterizan por su persistencia, baja biodegradabilidad y alta toxicidad (Figura 32).

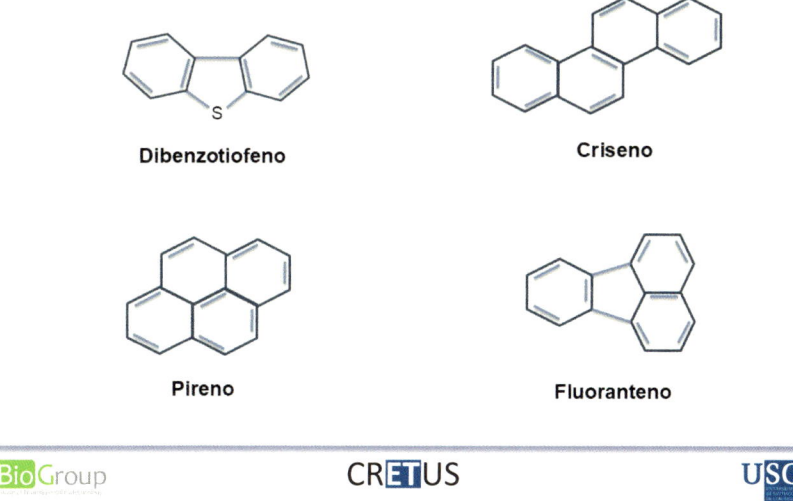

Figura 32. Estructura de algunos de los hidrocarburos aromáticos policíclicos de baja biodegradabilidad y persistencia que contenía el fuel vertido por el Prestige.

Una marea negra se produce por un derrame de petróleo o sus derivados en el mar debido al accidente y/o naufragio de los buques que lo transporten. Estos derrames perjudican gravemente la vida

marina y la pesca, así como a los ecosistemas costeros. El barco poseía una carga declarada de 77.000 toneladas de fuel M-100, de los cuales se vierten directamente al mar unas 63.000 toneladas. Finalmente, todo ello se convierte en más de 180.000 toneladas de residuos (Figura 33) en sus diferentes formas: crudo, mezcla con arena y mezcla con agua de mar. Los efectos directos e indirectos de la marea negra provocada por el Prestige fueron establecidos por la justicia en unos 2.500 millones de euros de coste (valor de referencial al año 2022), aunque desafortunadamente será muy difícil que se pueda obtener finalmente esa cantidad por parte de la armadora o la aseguradora del barco. Así, en diciembre de 2024 el Tribunal de Apelación de Londres rechazó un recurso de España para ejecutar en Inglaterra una sentencia española que obligaba a la aseguradora del Prestige a pagar 855 millones de euros por la catástrofe medioambiental causada por el hundimiento. Esta corte respaldó una sentencia previa del Tribunal Superior londinense que determinó que no podía inscribirse en la jurisdicción inglesa un fallo del Tribunal

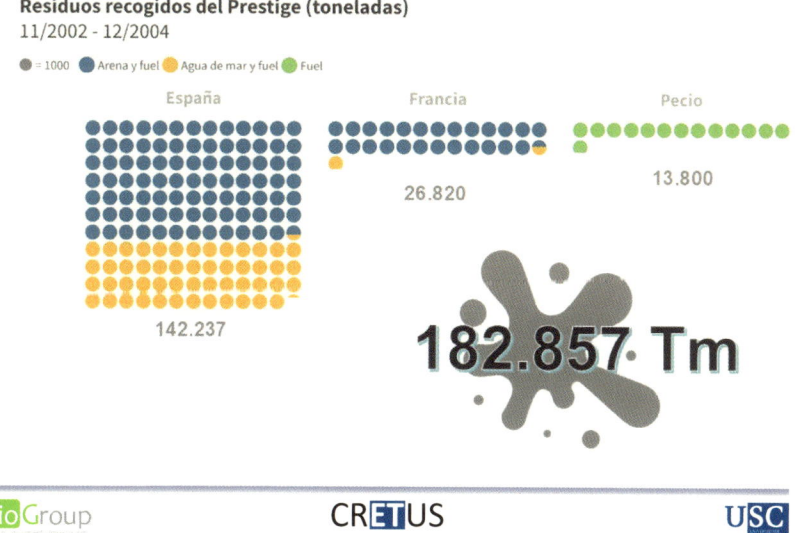

Figura 33. Residuos recogidos del Prestige entre noviembre de 2002 y diciembre de 2004 en España, Francia y en el propio pecio.

Provincial de A Coruña que halló a la *London Steam-Ship Owner's Mutual Insurance Association Limited* responsable de indemnizar al estado español por el vertido tóxico en las costas gallegas.

Marea Blanca

En la universidad, la semana siguiente al hundimiento dejamos de lado el programa habitual e hicimos un análisis del vertido desde diferentes perspectivas (ambientales, económicas y sociales) formando diversos grupos de trabajo entre el alumnado y el profesorado de la titulación. El miércoles 27 de noviembre, estudiantes y profesores participamos en las tareas de limpieza (Figura 34).

Figura 34. Actividad de limpieza del vertido del Prestige realizado por el alumnado y profesorado del Graduado Superior en Ingeniería Ambiental (actual Máster en Ingeniería Ambiental) de la Universidad de Santiago de Compostela.

Comenzó entonces la marea blanca que traería a Galicia a voluntarios de los cinco continentes. Entre noviembre de 2002 y julio de 2003 se realizaron más de 320.000 actuaciones de voluntarios, con un máximo de participación en el mes de enero (más de 85.000 voluntarios)[70]. Además, la conciencia social de la catástrofe pivota a través de la plataforma «Nunca Máis», que cristaliza el 1 de diciembre de 2002 en una de las manifestaciones más numerosas celebra-

---

[70] Garrido, J.M., Lema, J.M. (2007). ¿Qué aprendimos de la catástrofe del Prestige? Lápices 4, Santiago de Compostela.

da en Galicia (unas 200.000 personas, aproximadamente el 10% de la población adulta gallega).

La Ciencia al rescate

Al igual que con la pandemia de la covid-19, la ciencia se puso al servicio de la sociedad y se multiplicaron los ensayos para estudiar los derrames de petróleo en el mar desde una visión multidisciplinar (Figura 35). Se analizaron diferentes opciones para la eliminación del fuel por sistemas *off-site* (residuos recolectados y depositados en balsas) como *on-site* (fuel sobre las propias playas y rocas) con sistemas físicos-químicos y/o empleando técnicas de biorremediación.

La biorremediación es un tratamiento tecnológico de descontaminación que usa sistemas biológicos para catalizar la destrucción o transformación de componentes peligrosos en el ambiente. El uso de plantas para la eliminación de contaminantes se denomina comúnmente como fitorremediación, mientras que el término biorremediación queda limitado al uso de microorganismos. Aunque que los microorganismos están presentes en todos los suelos, sedimentos y acuíferos, la cantidad puede resultar demasiado pequeña para llevar a cabo la rápida reacción necesaria para intensificar la disolución o eliminación de los compuestos adsorbidos. Por eso, es necesario intensificar la densidad microbiana autóctona (bioestimulación) o proceder a la inoculación de flora exógena (bioaumento).

Tanto la bioestimulación de la flora autóctona[71] como la el bioaumento con biocatalizadores externos se mostraron buenas opciones para acelerar la biodegradación del fuel, sobre todo de los hidrocarburos aromáticos policíclicos de elevada toxicidad (Figura 32)[72].

---

[71] Fernández-Álvarez, P., Vila, J., Garrido, J.M. Grifoll, M., Feijoo, G., Lema, J.M. (2007) Evaluation of biodiesel as bioremediation agent for the treatment of the shore affected by the heavy oil spill of the Prestige. *Journal of Hazardous Materials* 147(3):914-922.

[72] Valentin, L., Lu-Chau, T.A., López, C., Feijoo, G., Moreira, M.T., Lema, J.M. (2007). Biodegradation of dibenzothiphene, fluoranthene, pyrene and chrysene in a soil slurry reactor by the white-rot fungus *Bjerkandera* sp. BOS55. *Process Biochemistry* 42(4):641-648.

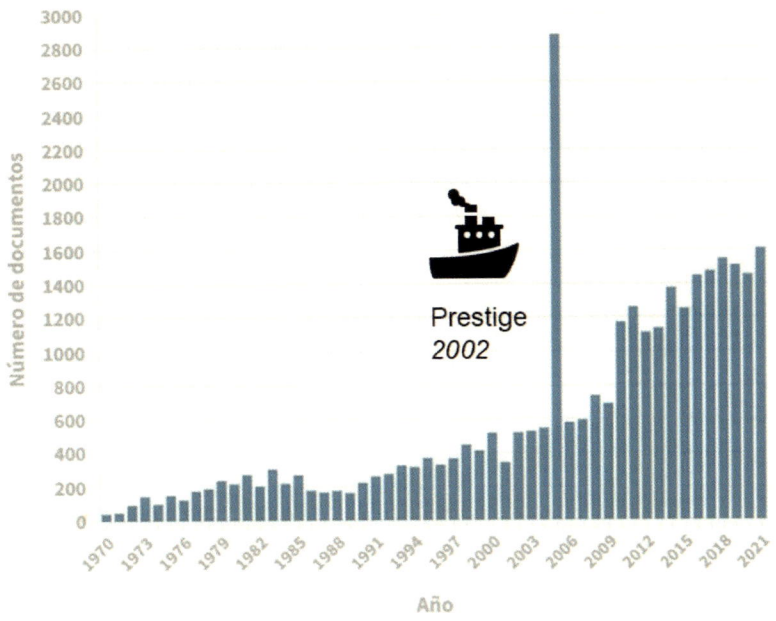

Fuente: Base de datos SCOPUS

Figura 35. Número de documento con el término «oil spill» en el título, resumen y palabras claves en diferentes años a partir de la base de datos SCOPUS.

Corolario

La prevención, la solidaridad y la ciencia y tecnología se han demostrado como unas buenas armas para afrontar los grandes desafíos de diferente índole que ha tenido, tiene y tendrá la humanidad.

«Bio» no siempre es sinónimo de ecológico

La Real Academia Española[73] incluye las siguientes acepciones para la expresión «bio-, -bio, bia» como:

> 1. elems. compos. Significa 'vida' u 'organismo vivo'. Biografía, biología. Microbio, aerobia.
> 2. elems. compos. Significa 'biológico, que implica respeto al medio ambiente'. Biocombustible, bioagricultura.

Cuando se aplica este prefijo a un producto o actividad, nos conduce a tener una visión apriorística beneficiosa para el ser humano o para el planeta (bioproducto, biomasa, biológico, biomolécula, bioproceso...). Ahora bien, si cambiamos la perspectiva y aumentamos el enfoque del análisis para incluir sus ciclos de vida no siempre el prefijo Bio- aplicado a un producto o proceso incluye sistemáticamente la acepción Eco-, esto es, ecológico[74] («dicho de un producto o de una actividad: Que no es perjudicial para el medio ambiente»).

Una simple caja de madera

Una caja de madera como envase para botellas de vino utilizando como asa la fibra de yute puede parecer, a priori, como una opción muy eco- al considerar productos bio- perfectamente renovables: madera y yute. El yute[75] es una de las fibras naturales más asequibles y cuyo cultivo supone uno de los de menor impacto ambiental. Al considerar el análisis real del producto a lo largo de las diversas etapas de su ciclo de vida[76], la mayor parte del impacto de la caja residía en la propia asa (aunque su peso solo significaba 3 g del producto final) debido al transporte desde su lugar de cultivo

---

[73] https://dle.rae.es/bio-?m=form
[74] https://dle.rae.es/ecol%C3%B3gico
[75] https://www.fao.org/economic/futurefibres/fibres/jute/es/
[76] González-García, S., Silva, F.S., Moreira, M.T., Castilla, R., García-Lozano, R., Gabarrell, X., Rieradevall, J., Feijoo, G. (2011). Combined application of LCA and eco-design for the sustainable production of wood boxes for wine bottles storage. *The International Journal of Life Cycle Assessment* 16:224-237.

en la India hasta el lugar de fabricación en España (Figura 36). Si la huella de carbono del producto es 0,69 kg $CO_{2(eq)}$, el 39% corresponde a la contribución debido al asa de yute.

Si se sustituyese el asa por fibra sintética de material reciclado fabricada en España la huella de carbono se reduciría en un 26,9%. La explicación radica en que la distancia del punto de fabricación al punto de uso se reduce de 7.500 Km a 150 Km. Evidentemente la variable marketing y la percepción del consumidor (ambos parámetros considerados en el ecodiseño) implica que esta acción no se consideré, pues sería pasar de lo «natural» a lo «sintético». Si se sustituye el asa de yute por asa de cáñamo de producción nacional (mantener el concepto bio- en el diseño), supone una reducción de 30,2% en la huella de carbono de la caja y, por tanto, el apelativo «biocaja» sería sinónimo de «ecocaja».

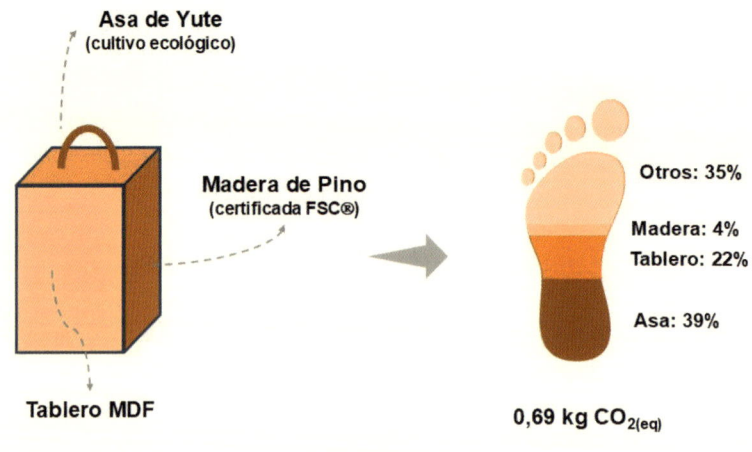

Figura 36. Impacto ambiental de una caja de madera considerando con un transporte notable del asa de yute desde el lugar de producción al lugar de uso.

Bioetanol vs. Ecoetanol

El término bioetanol hace referencia a la obtención de etanol vía la fermentación de materia orgánica mediante la utilización de microrganismos. En función de la materia prima renovable utilizada se utilizada el apelativo de 1ª, 2ª o 3ª generación.

Así, la primera generación hace referencia al empleo como materia prima de cultivos agrícolas (caña de azúcar, remolacha o melaza), cereales (trigo, cebada o maíz) o aceites (palma o girasol). En esto casos, el bioetanol será ecoetanol si se demuestra que no existe una transferencia de contaminación ambiental, esto es, se reduce los cambios iniciales del uso del suelo o pérdida de diversidad en las hectáreas que se dedican a este fin. Además, es necesario garantizar que no existe una competencia con el destino de las materias primas para la alimentación humana o animal que supondría problemas de índole social.

El uso de bioetanol derivado de materias primas lignocelulósicas (segunda generación)[77] como combustible (E10, E15 o E85 en función del porcentaje en la mezcla con gasolina) reduciría la dependencia de los combustibles fósiles y las emisiones de gases de efecto invernadero (evitando cualquier competencia con aspectos relacionados con la alimentación), pero aumentaría la acidificación, eutrofización y el smog fotoquímico, en comparación con el uso de gasolina como combustible. Para que este bioetanol sea calificado también como ecoetanol debería garantizarse fundamentalmente (Figura 37): (i) la existencia de cantidades suficientes de materia prima adecuada, así como instalaciones para convertir la materia prima en etanol, a una distancia razonable y (ii) los productores de materias primas tendrían que estar dispuestos a producir cultivos energéticos y/o retirar una parte de los residuos de sus campos de forma sostenible.

[77] González-Garcia, S., Moreira, M.T., Feijoo, G. (2010). Comparative environmental performance of lignocellulosic ethanol from different feedstocks. *Renewable and Sustainable Energy Reviews* 14(7):2077-2085.

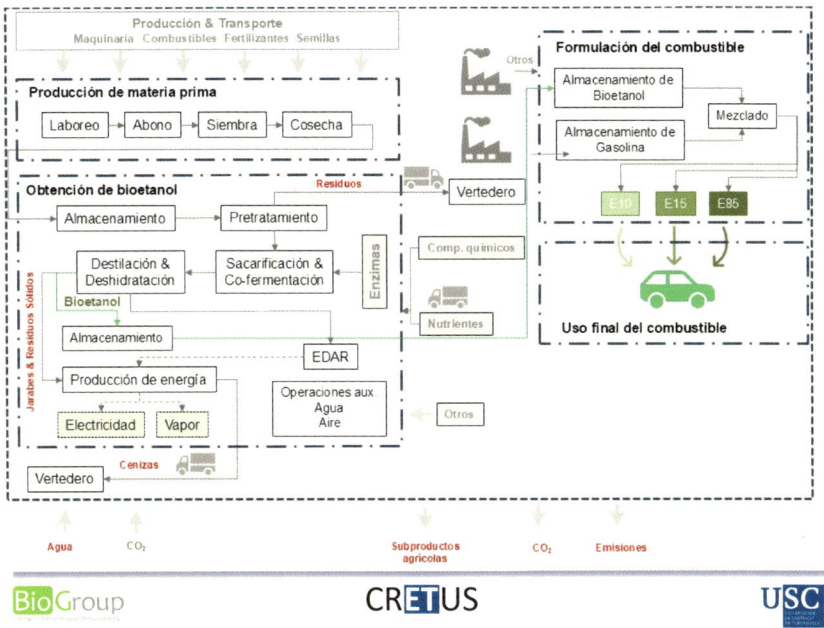

Figura 37. Aspectos que considerar para evaluar el impacto ambiental del bioetanol de segunda generación y, por tanto, verificar su carácter de ecoetanol.

La utilización de algas (tercera generación)[78] tanto para lo obtención de biocombustibles (biodiesel o bioetanol) es uno de los procesos innovadores donde se está trabajando con más ahínco para que sea una realidad económica y ambientalmente viable. Una de sus ventajas ambientales más importantes radica en la fijación de CO_2 vía fotosíntesis, pero la operación de los biorreactores es clave para evitar transferencias de fase en la contaminación y, por tanto, asegurar que el bioetanol sea ecoetanol.

Productos bioactivos naturales

Al considerar compuestos bioactivos naturales (anticancerígenos, antivirales, antioxidantes, etc.) su efecto positivo sobre la

---

[78] Arias, A., Feijoo, G., Moreira, M.T. (2023). Macroalgae biorefineries as a sustainable resource in the extraction of value-added compounds. *Algal Research* 69:102954.

salud humana puede apantallar cualquier otra consideración de tipo ambiental. Los procesos de extracción y purificación de estos compuestos suponen muchas veces la utilización de disolventes que tienen un alto impacto ambiental, incluyendo la propia salud humana o sobre la salud de los ecosistemas.

La esponja marina mediterránea *Crambe crambe* produce sustancias naturales pertenecientes a dos familias de alcaloides de guanidina, a saber, las crambescinas y las crambescidinas (Figura 38) que ya están patentadas para su uso en el tratamiento de enfermedades víricas, tumorales y cardiovasculares. Una evaluación[79] en su producción en acuarios mediante la metodología del análisis

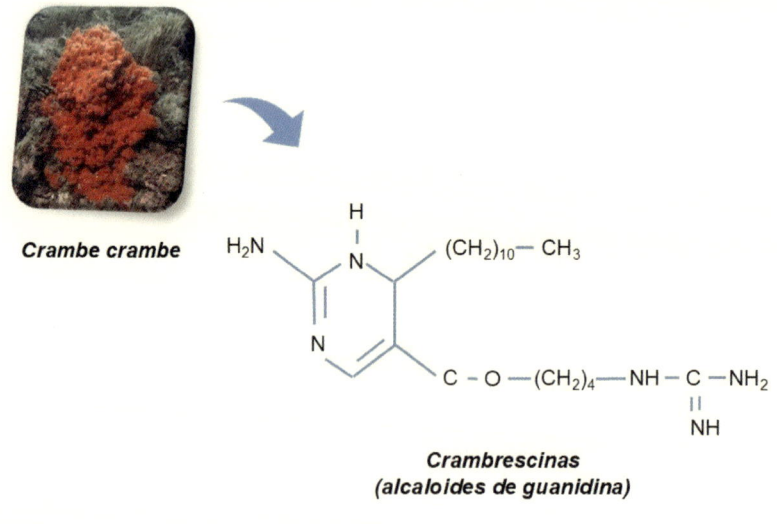

Crambe crambe

Crambrescinas
(alcaloides de guanidina)

Figura 38. Estructura de las crambescinas, que reciben su nombre de la esponja Crambe crambe de donde fueron aisladas por primera vez.

[79] Pérez-López, P., Ternon, E., González-García, S., Genta-Jouve, G., Feijoo, G., Thomas, O.P., Moreira, M.T. (2014). Environmental solutions for the sustainable production of bioactive natural products from the marine sponge *Crambe crambe*. *STOTEN* 475:71-82

de ciclo de vida determinó que las dos etapas que contribuyen notablemente a todas las categorías de impacto son la purificación de las moléculas bioactivas y el mantenimiento del cultivo de esponjas en el acuario. La reutilización parcial del metanol (principal solvente en su extracción) y la reducción de las necesidades de electricidad (por ejemplo, mediante LED y con un régimen adecuado de iluminación) supone una reducción del impacto ambiental que oscila entre el 20% y 70%.

Corolario

Una visión holística en el análisis de productos o actividades requiere la consideración de todos los flujos de materia y energía para considerar las posibles cargas ambientales y, por tanto, demostrar que los bioproductos o bioprocesos también son ecoproductos o ecoprocesos.

La reparación, un derecho y un peldaño clave de la economía circular

La escasez de recursos y la baja disponibilidad en obtener bienes de consumo ha supuesto que el arte de reparar a lo largo de la historia fuese una virtud destacada. Recuerdo nítidamente una conversación al terminar una jornada laboral en el mar y acercarnos a los talleres navales tras dejar de funcionar la estación de radio:

- «¿Por qué no cambiamos sencillamente la estación de radio?»
- Eso lo hace cualquiera, la sabiduría está en arreglarla y en que vuelva a funcionar.

Sin embargo, en los últimos 50 años se ha impuesto una economía lineal desmesurada, bajo un falso lema de progreso basado en «extraer-producir-consumir-desechar». Así, se prevé que la generación de residuos a nivel mundial aumente notablemente[80], pasando de 185 kg anuales per cápita en 2010 a 350 kg anuales per cápita en 2050 (Figura 39), con una creencia en el carácter ilimitado de los recursos asociada a una fe inquebrantable en el desarrollo científico para su gestión correcta. Frente a esta tendencia, cada vez son más las iniciativas enfocadas a implantar una economía circular que promueva el aprovechamiento de los recursos y ponga de nuevo en valor la reparación.

Las múltiples «erres» de la economía circular

Desde la publicación del Informe Meadows sobre «los límites del crecimiento» encargado por el club de Roma en 1972[81], ha ido madurando paulatinamente la idea sobre la necesidad de conseguir un desarrollo sostenible de la sociedad, compaginando recursos y bienes de consumo.

---

[80] https://datatopics.worldbank.org/what-a-waste/trends_in_solid_waste_management.html

[81] https://es.wikipedia.org/wiki/Los_l%C3%ADmites_del_crecimiento

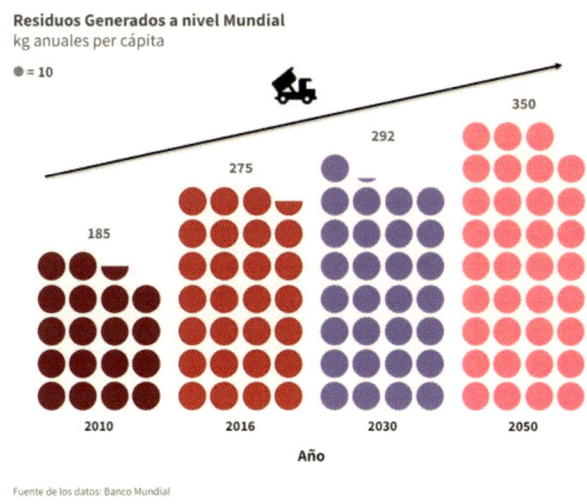

Residuos Generados a nivel Mundial
kg anuales per cápita

● = 10

350
292
275
185
2010   2016   2030   2050

Año

Fuente de los datos: Banco Mundial

BioGroup   CRETUS   USC

Figura 39. Evolución de la generación de residuos para el período 2010-2050 (kg anuales per cápita).

Este axioma se ha materializado en diversas estrategias como el impulso de la economía circular o sistema Multi-R, esto es, se ha evolucionado del clásico concepto 3R (Reducir, Reutilizar y Reciclar) de la economía del reciclaje a un enfoque consecuencial de una estrategia priorizando diferentes «R» (Figura 40): repensar, rediseñar, reutilizar, **reparar**, reducir, recuperar y reciclar.

Reparar tiene como misión principal ampliar el ciclo de vida de utilización de los bienes de consumo y luchar contra la obsolescencia programada, esto es, establecer el final de la vida útil de un producto desde el momento de su fabricación.

Ecoetiquetas que facilitan la reparación

Las ecoetiquetas tratan de informar al consumidor mediante un logo o sello que garantiza o certifica la consecución de buenas prácticas ambientales en base al cumplimiento de una serie de parámetros o indicadores ambientales que varían en función de cada ecoetiqueta.

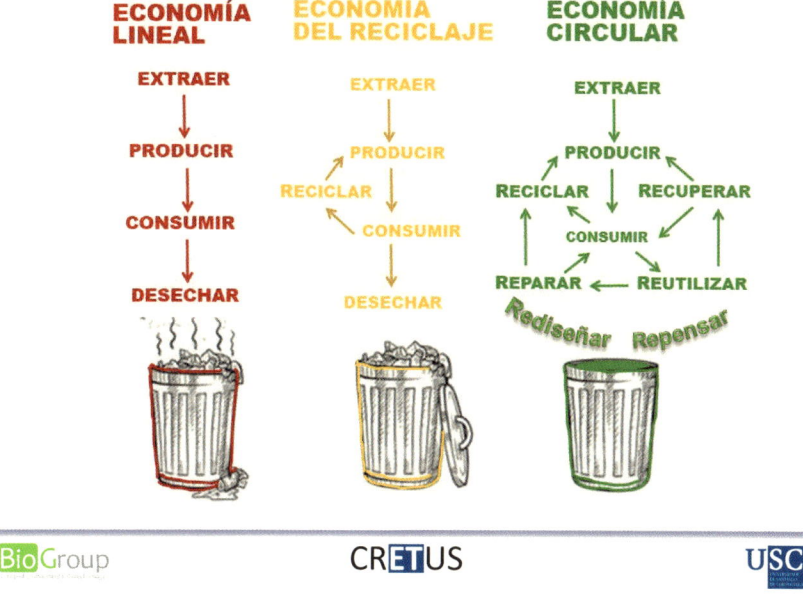

Figura 40. Economía lineal, economía del reciclaje y economía circular.

En 2019, el Gobierno francés aprobó una ley que regula la obligatoriedad de mostrar información clara a los consumidores sobre la reparabilidad de los aparatos eléctricos y electrónicos[82]. El objetivo era animar a los consumidores a elegir productos más reparables y a los fabricantes a mejorar la reparabilidad de sus productos. Desde enero de 2021 ya está disponible y se puede obtener esta ecoetiqueta para 5 categorías de productos (por ejemplo, portátiles, televisores o lavadoras). Esta ecoetiqueta establece un rango entre 0-10 desde el menos reparable al más reparable (Figura 41).

---

[82] https://repair.eu/es/news/major-steps-taken-for-durability-and-right-to-repair-in-france/

Figura 41. Índice de reparabilidad. Fuente: Ministère de la Transition Écologique et de la Cohésion des Territoires.

El índice de reparabilidad[83] evalúa principalmente estos criterios:

- Desmontaje y disponibilidad de piezas de recambio.
- Precio de las piezas de recambio.
- Aspectos específicos del producto. En el caso de los smartphones, portátiles y televisores, se incluyen aspectos de software.

Otra iniciativa interesante corresponde al Eco Repair Score®[84] para aumentar la vida útil de los vehículos y sus componentes considerando la evaluación del ciclo de vida de la reparación de los daños causados por un accidente. Elemento muy importante teniendo en cuenta que, por ejemplo, el parque móvil europeo supera los 400 millones de vehículos.

Fomento del derecho a reparar

El martes 23 de abril de 2024, el Parlamento Europeo aprobó por una clara mayoría el derecho a reparar de los consumidores, con vistas a la *adopción de una Directiva Comunitaria por la que se establecen normas comunes para promover la reparación de bienes*. La propuesta incluye una serie de medidas que permitan hacer realidad el hecho de que reparar sea más fácil y barato que comprar nuevos productos:

---

[83] https://repair.eu/es/news/the-french-repair-index-challenges-and-opportunities/
[84] https://www.ecorepairscore.com/index.php/es/vision-2027-de-eco-repair-score

- *Garantía*: Una vez expirada la garantía legal, el fabricante seguirá obligado a reparar productos domésticos comunes como lavadoras, aspiradoras o teléfonos. Además, la garantía de los bienes reparados podrá ampliarse un año más.
- *Revitalizar el mercado de la reparación*: los fabricantes tendrán que poner a disposición de los consumidores piezas de recambio y herramientas a un precio razonable.
- *Fomento de la cultura de la reparación*: los estados deberán llevar a cabo diversas acciones como ofrecer curso de reparación o realizar campañas de información o apoyar espacios de reparación comunitarios.

Finalmente, el 30 de julio de 2024 entro en vigor la Directiva (UE) 2024/1799[85] del Parlamento Europeo y del Consejo, de 13 de junio de 2024, por la que se establecen normas comunes para promover la reparación de bienes y se modifican el Reglamento (UE) 2017/2394 y las Directivas (UE) 2019/771 y (UE) 2020/1828. Los Estados miembros tienen de plazo hasta el 31 de julio de 2026 para transponer la Directiva a sus respectivos ordenamientos internos.

Corolario
Los recursos del planeta son limitados y, por tanto, debemos optimizar su uso y conseguir una circularidad de estos. Reparar debe tener una alta prioridad, pues nos garantizará extender el ciclo de vida de los bienes de consumo y ser pieza clave para alcanzar una economía circular sostenible.

---

[85] https://eur-lex.europa.eu/legal-content/ES/ALL/?uri=CELEX:32024L1799

El 2025 es un año clave en la lucha contra el ecoblanqueo

La conciencia ecológica es cada vez mayor en la sociedad (no existe vuelta atrás); quedan en el recuerdo las pioneras como Rachel Carson[86] con su Primavera Silenciosa o Erin Brockovich[87] con su lucha legal que supusieron hitos importantes en el desarrollo del pensamiento medioambiental.

La Asociación para el Autocuidado de la Salud presentó en 2025 la I Radiografía del Autocuidado de la Salud en España, donde se relata la percepción que se tiene en España sobre la sostenibilidad y el respeto al entorno natural en la vida diaria[88]. Los resultados son muy contundentes: el 82,8% de los ciudadanos españoles consideran «muy importante» o «importante» el cuidado del medioambiente. Un dato relativamente preocupante es la brecha generacional, puesto que entre los mayores de 71 años existe una mayor concienciación, un 35% lo califica como «muy importante», mientras que en la franja de los más jóvenes (18-25 años) este porcentaje baja significativamente al 24%. Así y todo, la suma de los porcentajes que califican como «importante» o «muy importante» es del 79,8% (Figura 42).

Desafortunadamente, esta actitud proactiva por el medio ambiente es aprovechada en ciertos casos, de forma inconsciente o consciente, por algunas marcas o gobiernos para posicionar como ecológico lo que realmente no lo es. Esta actitud es lo que se denomina en su término en inglés como «greenwashing» que se traduce al español por diferentes términos: ecoblanqueo, blanqueo ecológico o lavado verde.

---

[86] https://es.wikipedia.org/wiki/Rachel_Carson
[87] https://es.wikipedia.org/wiki/Erin_Brockovich
[88] https://anefp.org/sites/default/files/anefpdoc/I-radiograf%C3%ADa-del-autocuidado-de-la-salud-en-Espa%C3%B1a-anefp2025.pdf

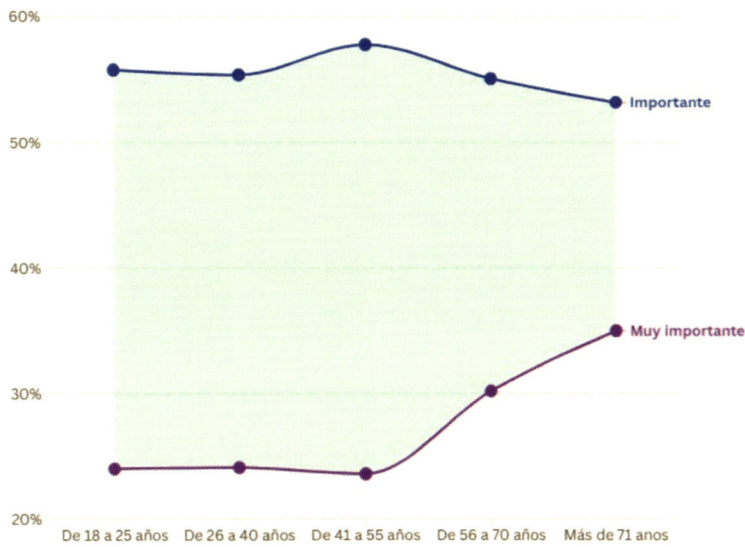

Percepción de la sostenibilidad en la vida diaria

Figura 42. Resultados de la encuesta de opinión sobre la importancia del cuidado del medio ambientes realizada por la Asociación para el Autocuidado de la Salud.

El rol del consumidor

Frente a esta actitud poco ética, los consumidores solo se pueden proteger con una mayor formación. Pero esto no significa que se deba hacer recaer exclusivamente sobre ellos la lucha con este engaño ya que la información es realmente profusa y, a veces, muy técnica. Así, si se introducen indicadores ambientales como, por ejemplo, la formación de fotooxidantes (sustancias reactivas nocivas en la atmosfera) o la eutrofización (exceso de nutrientes en un sistema acuático) expresadas en valores normalizados o adimensionalizados muy pequeños, del orden de magnitud de 10^{-12} o 10^{-15}, solamente los expertos podrán interpretar la representatividad real de estos valores.

También se puede cercenar parte de la información, ofreciendo solo los datos de las fases de ciclo de vida más favorables; por ejemplo, indicar en un producto el beneficio ambiental de la utilización

de materiales reciclados (efecto positivo), pero obviando un transporte procedente de las antípodas o consumo de fueloil pesado (que tienen un efecto negativo sobre el medio ambiente).

La responsabilidad de la empresa

Las ecoetiquetas nacieron para tratar de ayudar a los consumidores en la identificación de aquellos productos que destacaban en uno o varios indicadores ambientales. Desafortunadamente la avalancha actual de la oferta –la página web «Ecolabel Index»[89] recoge las características de 456 ecoetiquetas de 199 países– supone un galimatías por donde se puede colar «un lavado y centrifugado ecológico».

La Unión Europea definió en el año 1992 la ecoetiqueta europea[90] para tratar de armonizar los criterios de relevancia ambiental para cada tipo de producto (aplicable a los fabricados en la UE y a los importados de terceros países), así como utilizar un único logo que permitiese una identificación común de los productos ecológicos en toda la Unión. Ahora bien, los alimentos y medicamentos se quedaron fuera de su cobertura, al legislarse por directivas comunitarias de rango superior. Esto ha hecho que exista una explosión de ecoetiquetas de carácter voluntario en estos dos sectores, sobre todo para la visualización de la huella de carbono y, por ende, relacionado con la categoría ambiental de calentamiento global debido a las emisiones de gases de efecto invernadero.

La función de los legisladores

Por todo ello, no quedó más remedio que intentar poner un poco de orden en este caos para que productores y consumidores tengan unas reglas de juego comunes. En marzo de 2024 se publicó la Directiva 2024/825[91] del Parlamento Europeo y del Consejo en lo que respecta al empoderamiento de los consumidores para la transición ecológica mediante una mejor protección contra las prácticas

---

89 https://www.ecolabelindex.com/
90 https://environment.ec.europa.eu/topics/circular-economy/eu-ecolabel_en
91 https://www.boe.es/buscar/doc.php?id=DOUE-L-2024-80326

desleales y mediante una mejor información, cuyo cumplimiento a más tardar se ha fijado para el 27 de marzo de 2026. Los ejes sobre los que pivota esta directiva:

- *Información.* Quedarán prohibidas las alegaciones medioambientales genéricas (neutralidad climática, descarbonización...) u otra información que induzca a engaño (circularidad, reciclabilidad...) que no estén respaldadas por análisis precisos y transparentes.
- *Ecoetiquetas.* Solo se aceptarán etiquetas de sostenibilidad basadas en sistemas de certificación establecidos por las autoridades como vía esencial para garantizar su transparencia y credibilidad.
- *Garantía.* Debe proporcionarse información específica sobre la durabilidad y la reparabilidad del producto. Además, por lo que se refiere a los bienes con elementos digitales, a los contenidos digitales y a los servicios digitales, debe informarse a los consumidores sobre el período de tiempo durante el cual se dispone de actualizaciones gratuitas de software.

Corolario

Aunque los tiempos que corren parezcan algo grises para la consecución de los objetivos fijados en la Agenda 2030[92], la experiencia señala que un buen desempeño ecológico siempre redunda en un buen desempeño económico, es un binomio que no falla, que permite situar la innovación en el centro del desarrollo sostenible.

---

[92] https://www.un.org/sustainabledevelopment/es/

ARISTA TERCERA

La alimentación y la tradición

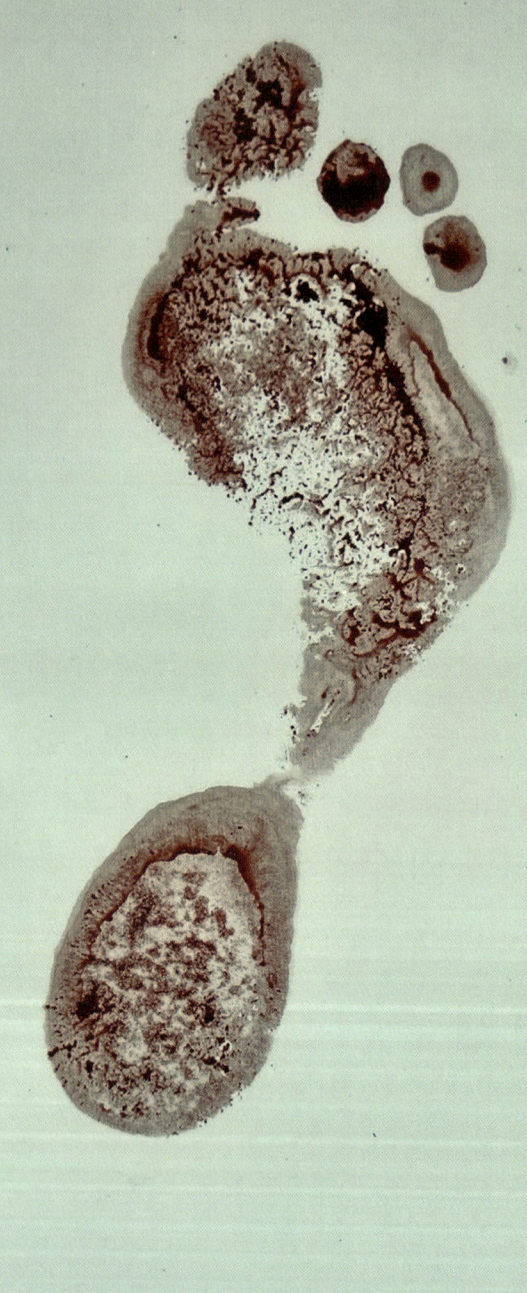

H0₂

Cinco reglas para elegir alimentos que mejoren su salud y la del planeta

Desde el punto de vista nutricional, una dieta equilibrada, como la atlántica o la mediterránea, presenta múltiples beneficios para nuestra salud, ya que ayuda a mitigar y reducir el impacto negativo de diversas enfermedades. Este beneficio personal también puede extenderse al bien colectivo y contribuir en el cuidado del planeta cuando consumimos a su vez alimentos respetuosos con el medio ambiente, ya que se debe tener en cuenta que la producción y consumo de alimentos conlleva un gran impacto ambiental. Para dilucidar la cuantificación de dicho impacto, son dos los indicadores que podemos utilizar: huella de carbono y huella hídrica.

Huella de carbono y huella hídrica

La huella de carbono es una medida de las emisiones de gases de efecto invernadero (GEI) y se define como la cantidad de dióxido de carbono equivalente que un producto genera en un período de tiempo a lo largo de su ciclo de vida (extracción, producción, envasado, transporte, consumo y gestión de residuos). Junto con los sectores energético y del transporte, el sector de la alimentación es una de las actividades antropogénicas con mayor emisión GEI. Actualmente, el Acuerdo de París[93] trata de poner límite a todas estas emisiones de GEI, de forma que cada país se compromete a una reducción efectiva de las mismas (Figura 43).

Por otra parte, la huella hídrica cuantifica el volumen total de agua dulce usada a lo largo de toda la cadena de valor para producir los bienes que habitualmente consumimos. La Organización para la Alimentación y la Agricultura (FAO) ha establecido que un 70% de la huella hídrica mundial está relacionada con la producción de alimentos[94].

---

[93] El Acuerdo de París es un tratado internacional sobre el cambio climático jurídicamente vinculante. Fue adoptado por 196 Partes en la COP21 en París, el 12 de diciembre de 2015 y entró en vigor el 4 de noviembre de 2016. Su objetivo es limitar el calentamiento mundial por debajo de 2ºC -preferiblemente a 1,5ºC-, en comparación con los niveles preindustriales [https://unfccc.int/es/acerca-de-las-ndc/el-acuerdo-de-paris]

[94] https://www.fao.org/newsroom/story/Water-Scarcity-One-of-the-greatest-challenges-of-our-time/es

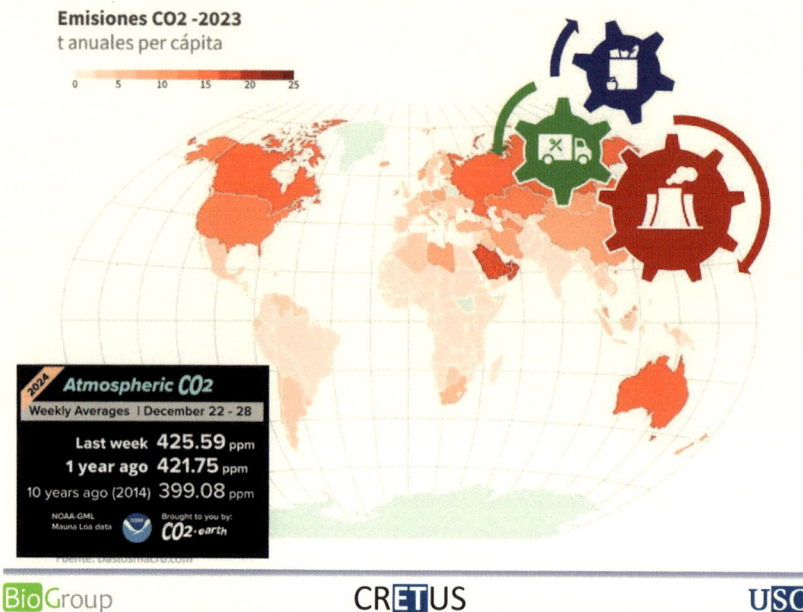

Emisiones CO2 -2023
t anuales per cápita

Atmospheric CO_2
Weekly Averages | December 22 - 28

Last week 425.59 ppm
1 year ago 421.75 ppm
10 years ago (2014) 399.08 ppm

NOAA-GML
Mauna Loa data

BioGroup CRETUS USC

Figura 43. Emisiones de CO_2 per cápita en el mundo. Los tres sectores principales de emisión: energía, transporte y alimentación. Margen inferior izquierdo un post en la red X de la cuenta @CO2_earth.

Los valores de ambas huellas son bastante variables en función del sistema de producción[95] (Figura 44):

- Las frutas tienen valores medios de 350 g $CO_{2(eq)}$/kg y 900 L/kg para la huella de carbono e hídrica, respectivamente.
- Las legumbres y hortalizas presentan valores promedio de 450 g $CO_{2(eq)}$/kg y 250 L/kg.
- En la leche y derivados lácteos, se observan valores en un orden de magnitud superior, situándose en promedios de 1.500 g $CO_{2(eq)}$/kg y 1.000 L/kg.

---

[95] Feijoo, G., Moreira, M.T. (2020). Fostering environmental awareness towards responsible food consumption and reduced food waste in chemical engineering students. *Education for Chemical Engineers* 33:27-35.

- Los pescados y las carnes presentan variaciones notables en función de la especie considerada. A modo de ejemplo, la sardina se sitúa en 360 g $CO_{2(eq)}$/kg, el bacalao en 1.500 g $CO_{2(eq)}$/kg, el pollo en 3.000 g $CO_{2(eq)}$/kg y la ternera en 9.000 g $CO_{2(eq)}$/kg.

Figura 44. Huella de carbono y huella hídrica de algunos de los alimentos que forma parte del carro típico de compra español.

Cómo elegir los alimentos más sostenibles

Una vez definida la dieta adecuada a nuestro estilo de vida, edad y estado de salud, disponemos de una gran variedad de alimentos con funcionalidades y propiedades nutricionales similares. Llega entonces el momento de introducir 5 reglas básicas y fáciles de incorporar en nuestro consumo diario que, en términos generales, permitan garantizar una minimización del impacto ambiental de los alimentos a consumir.

- Verificar el *origen de los alimentos*. Como hace ya más de 15 años publicitaba una gran cadena de distribución alimentaria francesa: «moins de transport, moins de CO_2», bajo esta premisa ha surgido el apelativo de concienciación de «Km 0», la cual consiste en identificar los alimentos producidos en un radio de 100 km al punto de consumo, siendo así una llamada a potenciar el producto local.
- Analizar el *envase de los alimentos*. A menudo, el continente tiene un mayor impacto que el contenido. Los envases pueden poseer una alta intensificación de material (sobreenvasados) y energética (consumo de combustibles fósiles en su fabricación). Orientar la compra a productos con envase mínimo y biodegradable es siempre una buena opción ambiental[96].
- Respetar la *temporalidad* de los productos. Está asociada a cada estación del año y región del planeta, acorde a los ciclos naturales de producción. La coordinación entre las condiciones climáticas y los sistemas de producción suponen una reducción notable de la huella de carbono e hídrica.
- Buscar la presencia de *ecoetiquetas*. Pueden certificar y garantizar que se alcanzan diversos criterios ecológicos que se alcanzan diversos ecológicos, lo que a su vez permite potenciar y fomentar la incorporación de dichas estrategias en el marketing (Figura 45).
- Reducir el *desperdicio de alimentos*. Basta pensar en la cantidad de materia y energía necesaria para que los alimentos lleguen a nuestras neveras y alacenas, para que lamentablemente no sean consumidos y, por tanto, se conviertan directamente en residuos. Una mayor concienciación en este aspecto ayudaría a reducir el actual desperdicio medio en

---

[96] Desde el 1 de enero de 2021, se prohibió la entrega de bolsas de plástico ligeras y muy ligeras al consumidor en los puntos de venta de bienes o productos, excepto si son de plástico compostable. Los comerciantes podrán también optar por otros formatos de envase para substituir a las bolsas de plástico. Real Decreto 293/2018, de 18 de mayo, sobre reducción del consumo de bolsas de plástico y por el que se crea el Registro de Productores [https://www.boe.es/eli/es/rd/2018/05/18/293]

nuestros hogares. Una reducción del 50% en la perdida de alimentos en los hogares puede llegar a suponer en España la emisión anual de medio millón de toneladas de $CO_{2(eq)}$ (que teniendo en cuenta el valor medio durante el 2024 en el mercado de CO_2 fue 65,29 €/tonelada[97], supondría unos bonos por valor 37 millones de euros) y 510 Hm^3 de agua (prácticamente el consumo de agua anual de Berlín y Madrid).

Figura 45. Ecoetiquetas. Izquierda: fotografía de la subasta en la lonja de Ribeira del día 26/03/2021 con Besugos certificados con pescadeRias (flota artesanal) y Pescaenverde (bajo huella de carbono). Derecha: venta a granel de banana con la certificación de Rainforest Alliance que verifica criterios ambientales y sociales.

Cómo calcular el impacto

Está disponible en acceso abierto en la plataforma Research Gate una hoja de cálculo sencilla para estimar el impacto ambiental (huella de carbono e hídrica) y económico que produce el consumo o desperdicio de los 64 alimentos más comunes en el carro de la compra del consumidor español[98].

Corolario

Es el momento de convertirnos en parte activa con el compromiso medioambiental del planeta, cada uno de nosotros podemos aportar nuestro grano de arena.

---

[97] https://www.sendeco2.com/es/
[98] https://www.researchgate.net/publication/343386633_Environmental_footprints_and_cost_analysisxlsx

Las dietas más populares a examen: ¿cuál es la más saludable y sostenible?

Sabemos que seguir una dieta equilibrada es, fuera de toda duda, un beneficio para nuestra salud. Además, bajo el concepto de «estar a dieta» o «seguir una dieta» se pueden encontrar otras fuerzas motrices como, por ejemplo, aspectos estéticos o de respeto por el medio ambiente Por eso, es importante determinar las propiedades nutricionales y de sostenibilidad en cualquier dieta. De esta forma, se puede orientar nuestras decisiones hacia la armonía entre beneficios, tanto de salud como ambientales.

Indicadores de sostenibilidad y nutrición

Uno de los indicadores ambientales con mayor impacto mediático es la «huella de carbono» (HC)[99], relacionada con el calentamiento global asociado a la emisión de gases de efecto invernadero. Se define como la cantidad de dióxido de carbono equivalente que un producto genera en un período de tiempo a lo largo de su ciclo de vida. En el capítulo anterior se pueden encontrar valores típicos de huella de carbono para diferentes alimentos.

Este indicador ha cuajado de forma importante en el sector de la alimentación, existiendo diversas ecoetiquetas que certifican su cálculo (Figura 46). Dichas ecoetiquetas se pueden agrupar en función de la información que transmiten al consumidor como por ejemplo indicando bajos niveles de emisión (Climatop – Suiza), el ranking de los niveles de emisión (Conscious™ – EE.UU.), la puntuación con la emisión (Carbon Trust[100] – Rcino Unido) y el neutro en carbono (Climate Neutral Product – Países Bajos).

Existen a su vez diversos indicadores nutricionales en la literatura científica que analizan los beneficios de diferentes patrones dietéticos. Uno de ellos es la «Dieta Rica en Nutrientes

---

[99] González-García, S., Esteve-Llorens, X., Moreira, M.T., Feijoo, G. (2018). Carbon footprint and nutritional quality of different human dietary choices. *STOTEN* 644:77-94

[100] https://www.carbontrust.com/what-we-do/carbon-footprint-labelling/product-carbon-footprint-label

(NRD9.3)»[101], valor adimensional relacionado con la ingesta de 12 nutrientes, de los cuales 9 ponderan positivamente (proteínas, fibra, calcio, hierro, magnesio, potasio, vitamina A, vitamina C, vitamina E) y 3 negativamente (sodio, grasas saturadas y azúcares totales), en base a los valores recomendados por la Organización para la Alimentación y la Agricultura (FAO) y la Organización Mundial de la Salud (OMS).

 CRETUS

Figura 46. Ejemplo de algunas ecoetiquetas relacionadas con la huella de carbono que se aplican en el ámbito de la alimentación. En azul oscuro, algunos de los países con implantación de ecoetiquetas de huella e carbono en el ámbito de la alimentación.

Características de algunas dietas

A continuación, se señalan las características generales de diversas dietas evaluadas en este artículo (Figura 47):

[101] Van Kernebeek, H.R.J., Oosting, S.J., Feskens, E.J.M., Gerber, P.J., De Boer, I.J.M. (2014). The effect of nutritional quality on comparing environmental impacts of human diets. *Journal of Cleaner Production* 73:88-89.

- La *dieta atlántica*[102], común en la zona de Galicia y el norte de Portugal, destaca por el consumo de pescado, verduras y hortalizas propias de la zona. También incluye leche y derivados lácteos (en especial quesos); cereales; carnes de cerdo, vacuno y aves; y aceite de oliva.
- La *dieta mediterránea*[103] enfatiza el consumo de verduras, frutas, legumbres y hortalizas, así como, cereales integrales, pescado, carnes blandas, frutos secos y aceite de oliva. Se asocia a los patrones dietéticos de los países de la zona mediterránea, fundamentalmente España, Italia y Grecia.
- La *dieta paleo*[104] está basada en el consumo alimentos similares a los que se podrían haber consumido durante la era Paleolítica, es decir, esta dieta incluye aquellos alimentos que se obtendrían mediante la caza y la recolección; por ejemplo, carnes magras, pescado, frutas, verduras, frutos secos y semillas. La dieta paleo limita los alimentos que emergieron con la agricultura durante el Neolítico, como los productos lácteos, legumbres y granos.
- La *dieta vegetariana* consiste en la substitución mayoritaria de productos de origen animal por equivalentes de origen vegetal. Aunque no existe un único tipo de dieta vegetariana, podemos caracterizarla por la inclusión de frutas, verduras, hortalizas, legumbres, granos, semillas y frutos secos, incluyendo también leche y derivados lácteos.
- La *dieta vegana*, en términos generales, se basa en la substitución total de productos de origen animal por vegetal, y por tanto, evita el consumo de carnes, pescados, leche, yogures, huevos, miel y otros productos animales en la alimentación.
- La *dieta nórdica*[105] está basada en alimentos procedentes tradicionalmente de Europa del Norte: Dinamarca, Finlan-

---

[102] https://www.fundaciondietatlantica.com/
[103] https://dietamediterranea.com/
[104] Cambeses-Franco, C., González-García, S., Feijoo, G., Moreira, M.T. (2021). Is the Paleo diet safe for health and the environment? STOTEN 781:146717.
[105] Cambeses, C. González-García, S, Feijoo, G., Moreira, M.T. (2021). Encompassing health and nutrition with the adherence to the environmentally sustainable New Nordic Diet in Southern Europe. *Journal of Cleaner Production* 327:129470.

dia, Islandia, Noruega y Suecia. El consumo prioritario de alimentos se centra en vegetales de hoja verde y de raíz, bayas o frutas del bosque, fruta, cereales enteros, legumbres, lácteos y pescado (tipicamente salmón, caballa o arenque, que se consumen varias veces a la semana).

- La *dieta andina* es aquella dieta conformada por todos los productos oriundos del Perú[106]. Incluye papas, multitud de cereales (como la quinoa, maca y kiwicha), frutas (como la guanábana, el aguaymanto y la carambola), mariscos y pescados (ingredientes esenciales del cebiche).

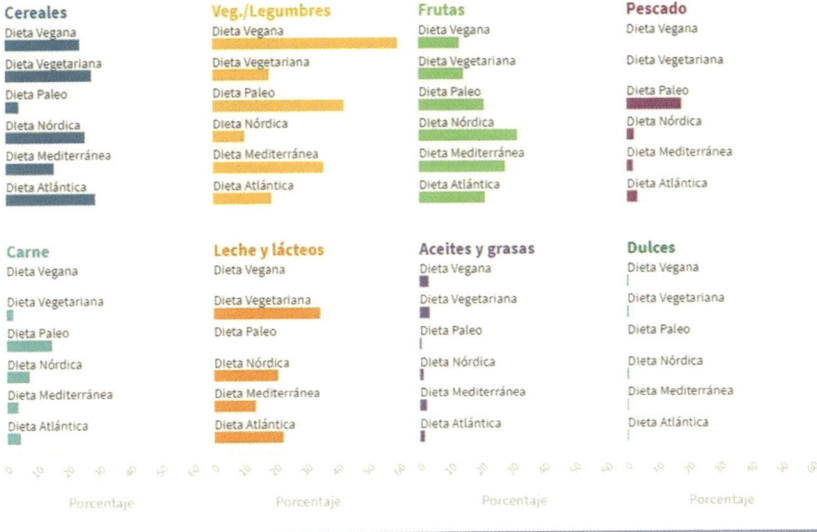

Figura 47. Distribución porcentual en peso de los principales grupos de alimentos para un consumo de 2.100 calorías/día en diversas dietas.

[106] Esteve-Llorens, X., Ita-Nagy, D., Parodi, E., González-García, S., Moreira, M.T., Feijoo, G., Vázquez-Rowe, I. (2022). Environmental footprint of critical agro-export products in the Peruvian hyper-arid coast: A case study for green asparagus and avocado. *STOTEN* 818:151686.

Análisis comparativo

Considerando que un aporte medio de 2.100 calorías diarias cubre la ingesta recomendada de carbohidratos, proteínas, minerales y vitaminas, la Figura 48 muestra el perfil de diversas dietas en un gráfico bidimensional (HC/NRD 9.3). El cuadrante mágico de Gardner (define la zona óptima) estaría en la zona representada por una baja huella de carbono (<4,0 kg CO_2 por persona y día) y un índice nutricional alto (>550).

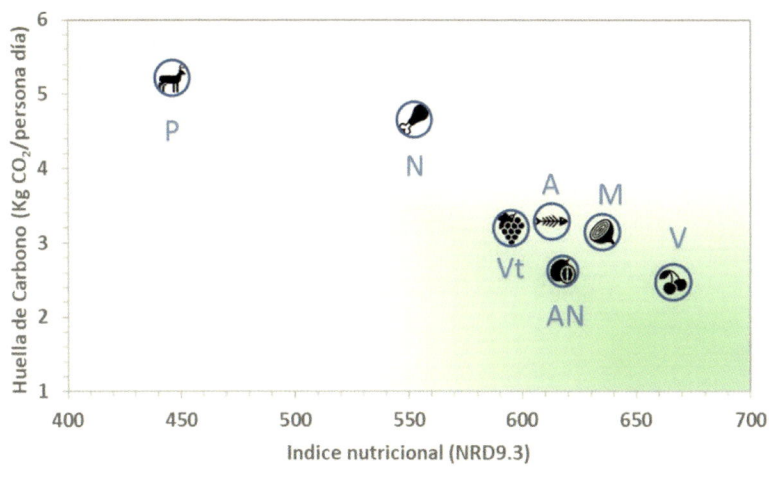

Figura 48. Análisis bidimensional de las dietas: impacto ambiental y índice nutricional. Símbolos de las dietas: A (atlántica), AN (andina), M (mediterránea), N (nórdica), P (paleo), Vt (vegetariana) y V (vegana).

Las dietas atlántica y mediterránea obtienen datos muy similares, entre 3 y 3,5 kg de CO_2 por persona y día; y 610-640 del índice NRD 9.3. Estas cifras se pueden explicar a partir del análisis de los dos puntos fuertes comunes de ambas dietas: la variedad de alimentos en los diferentes grupos de la pirámide alimentaria y el énfasis en los productos locales. Por otra parte, los valores de la dieta vegetariana están muy próximos a los de ambas dietas atlántica y mediterránea, siendo la dieta vegana la que presenta valores ligeramente mejores en ambos indicadores. La dieta andina también presenta un excelente equilibrio entre los aspectos nutricionales y de sostenibilidad. El excesivo consumo de carne supone un lastre importante en la dieta nórdica y paleo.

Corolario
Ser constantes en seguir una dieta variada, basada en la producción local y de temporada, como puede ser en España la dieta atlántica o la dieta mediterránea, o en Perú la dieta andina, es siempre una buena opción para nuestra salud y la del medio ambiente[107].

[107] Feijoo, G., González-García, S., Moreira, M.T. (2024). Nutrición y Sostenibilidad. Capítulo 35. 1-12. *Tratado de Nutrición: Nutrición humana en el estado de salud*. Tomo 4 -4ª Ed. A. Gil, M. Gil, E. Martínez, E. Molina (eds). Editorial Médica Panamericana. Madrid.

La vieira, símbolo de los peregrinos a Compostela, como ejemplo de economía circular desde hace 1000 años

Tenemos tendencia a pensar que las ideas y términos coetáneos son originales y exclusivos al tiempo que nos ha tocado vivir. La economía circular puede ser una de ellas, pero es bien antigua la filosofía de aprovechar al máximo los recursos, lógicamente acuciada por la escasez de estos.

Ha sido a finales del siglo xx cuando un desarrollo exponencial nos ha llevado a un consumo desaforado (una especie de hedonismo del usar y tirar). Como consecuencia, nos hemos replanteado nuestra relación con el planeta buscando la sostenibilidad en nuestros hábitats y hábitos[108].

Uno de los símbolos del peregrino a Compostela, la vieira, se puede considerar un ejemplo de sostenibilidad a través de los tiempos (Figura 49).

Emblema del peregrino a Compostela

El Códice Calixtino (1160-1180)[109] es un manuscrito del siglo xii que recoge varios escritos que incluyen diversos aspectos relacionados con el camino en honor al apóstol Santiago. En el mismo se señala a la vieira como una de las señas de identidad del peregrino (Figura 50):

«[...] Pues hay unos mariscos en el mar próximo a Santiago, a los que el vulgo llama vieiras que tienen dos corazas, una por cada lado, entre las cuales, como entre dos tejuelas, se oculta un molusco parecido a una ostra. Tales conchas están labradas como los dedos de una mano [...]».

«[...] Al regresar los peregrinos del Santuario de Santiago los prenden en las capas para gloria del Apóstol, y en recuerdo de él y señal de tan largo viaje, las traen a su morada con gran regocijo [...]».

---

[108] https://es.wikipedia.org/wiki/Los_l%C3%ADmites_del_crecimiento
[109] https://libraria.xunta.gal/es/liber-sancti-iacobi-codex-calixtinus

Principales zonas de captura de Vieira

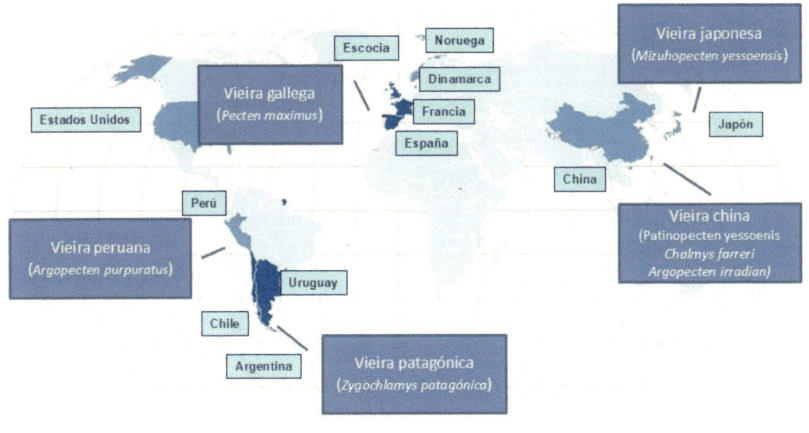

Figura 49. Principales zonas de captura de vieira.

Figura 50. Km 0 del Camino de Santiago en la Plaza del Obradoiro.

Repensar/rediseñar son las bases de la Economía Circular

La economía circular[110] se basa en la evolución del concepto tradicional de las 3R (reducir, reutilizar y reciclar) a un sistema multi-R (repensar, rediseñar, redistribuir, recuperar, reparar...) buscando un ciclo de utilización continuo de los recursos, esto es, la perspectiva de la «cuna a la cuna». De esta forma el ciclo antropogénico de los materiales se asemejaría al ciclo biológico que tiene lugar en los sistemas naturales.

La larga vida de la vieira como alimento ha permitido explorar un sinfín de aplicaciones en busca de una multifuncionalidad integral del molusco, sobre todo, del continente pues el contenido se comía (y se come) con devoción. La Figura 51 muestra diferentes usos que implicaban esa utilidad cíclica de la vieira:

- *Instrumento musical*[111]. La vieira es un elemento importante en la percusión gallega, símbolo de nuestra música tradicional.
- *Cenicero.* Con la introducción en Europa de los cultivos del Nuevo Mundo durante el siglo xvi, aparece un nuevo uso, su utilización como ceniceros para recoger las cenizas del tabaco. Aún se puede ver hoy en día en muchas cafeterías y restaurantes a lo largo del camino.
- *Envase integrado para la cocina.* La vieira es uno de los pocos alimentos que traen su propio envase de cocina incorporado, pues su concha cóncava es por antonomasia donde se cocina y se sirve. Un pequeño truco es conservar las conchas de mayor tamaño para reciclarlas en la cocina. Al horno pueden aguantar más de 200 usos.
- *Enmienda al suelo.* Al igual que ocurre con las cochas y caparazones de otros moluscos el componente principal de la concha es el carbonato cálcico (CO_3Ca); por ello, tras su trituración se utilizaba como un excelente neutralizante de la

---

[110] https://www.europarl.europa.eu/topics/es/article/20151201STO05603/economia-circular-definicion-importancia-y-beneficios

[111] https://consellodacultura.gal/asg/instrumentos/os-idiofonos/cunchas/

acidez de los suelos y corrector del pH (característica de los suelos gallegos). Esto permite un incremento notable en la producción de los cultivos, al aumentar la tasa de mineralización de la materia orgánica presente en el suelo.

- *Material de construcción*. La arquitectura vernácula en Galicia utilizaba en las zonas costeras la concha «plana» de la vieira como capa impermeable. En la isla de A Toxa (Ayuntamiento de O Grove en Pontevedra) se puede admirar la capilla de San Caralampaio con esta técnica constructiva en todo su esplendor.
- *Utensilio para beber*. La concha cóncava es un instrumento sencillo y práctico para beber de las fuentes y arroyos. Importante para un peregrino, senderista o explorador circular.

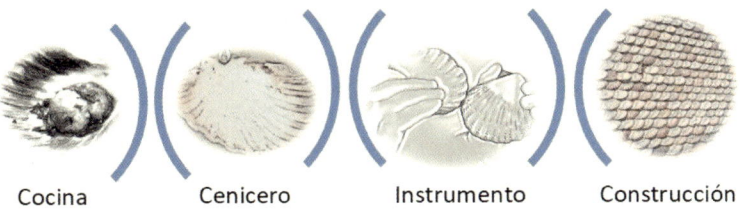

Cocina   Cenicero   Instrumento   Construcción

Figura 51. Multifuncionalidad de la concha de vieira.

La vieira gallega en el siglo xxi

La vieira es capturada por la flota artesanal de las rías gallegas con una técnica que se ha mantenido inalterable en los últimos 200 años[112]. La principal novedad ha sido introducir en la cadena de valor su eviscerado y presentación mediante un sistema cooperativista creado por los propios pescadores (vieira gallega) en la Cofradía

---

[112] https://www.youtube.com/watch?v=5a_n4O2cfsA En este punto el lector me permitirá realizar un recuerdo emocionado «ao finado do meu pai», ya que este era una de las artes que más le gustaba y amaba.

de Pescadores de Santo Antonio de Cambados (Pontevedra). En un estudio de Cortés y col. (2021)[113] se ha analizado desde un punto de vista ambiental la captura de la vieira mediante el análisis de ciclo de vida, considerando todas las etapas desde su extracción hasta su distribución (entre otras, la construcción del barco, operación y mantenimiento de la flota, descarga en puerto, eviscerado y presentación final). Su huella de carbono es de 2,97 kg CO_2eq/kg, lo que significa que con una vieira grande tendríamos la misma emisión de dióxido de carbono que tras el desplazamiento de un turismo durante 6 km.

Si se compara el contenido proteico y la huella de carbono para los diferentes grupos de alimentos (Figura 52), la vieira se encuentra situada entre aquellos que aportan una mayor cantidad de proteína (similar a la carne o al queso) pero con una menor huella de carbono.

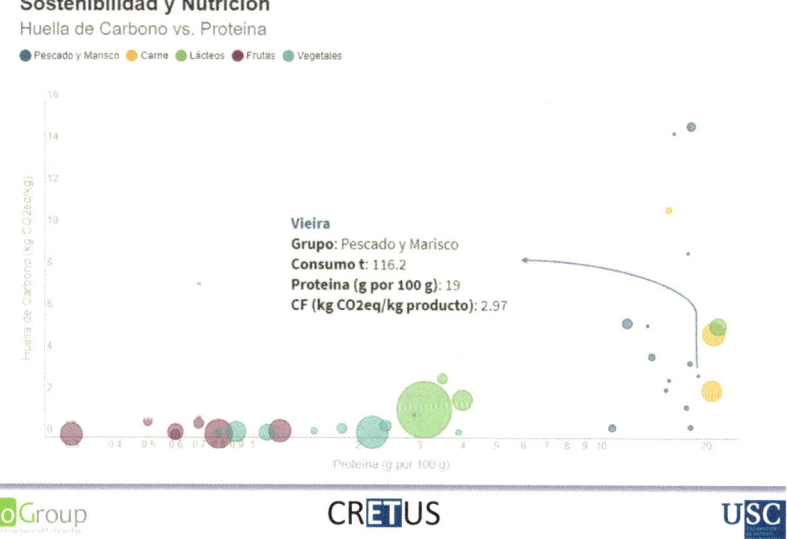

Figura 52. Huella de carbono y contenido proteico para diversos grupos de alimentos. El tamaño de la burbuja en función del consumo en Galicia durante el año 2018.

[113] Cortés, A., González-García, S., Franco-Uría, A., Moreira, M.T., Feijoo, G. (2021). Evaluation of the environmental sustainability of the inshore great scallop (*Pecten maximus*) fishery in Galicia. *Journal of Industrial Ecology* 26/6): 1920-1933.

Corolario

La combinación de la tradición e innovación en la cadena de valor del procesado de alimentos siempre lleva a un resultado excelente en la búsqueda de la sostenibilidad de nuestro futuro al combinar los aspectos socioeconómicos y ambientales.

¿Pescado y marisco en la dieta? Como elegir el más saludable y sostenible según su etiqueta

El vídeo que el patrón de la embarcación Serlema subió a la red social X (Figura 53) sobre la magnífica escultura Espera de Iria Rodríguez (en Punta da Ínsua, municipio gallego de Laxe, Costa da Morte) me llevó inmediatamente a viajar en el tiempo, a los recuerdos de las noches de angustia por la vuelta de la familia cuando en el mar azotaba el temporal. Emociona esa mirada al horizonte de poniente, esperando por aquellos que no han vuelto por el naufragio de sus barcos de pesca.

Figura 53. Video del patrón del buque Serlema[114] na rede social X no 2021: «Cuanto estoy en casa, me gusta venir siempre aquí al cabo de Laxe, y fumar un cigarrillo sentado a los pies de la Espera, escultura de Iria Rodríguez, y pensar un poco en los que, como mi padre, no volvieron.

---

[114] https://x.com/Serlema1/status/1456575370543632389

Los alimentos que proceden de los océanos juegan un papel crucial en la consecución de la meta que supone alimentar a la población mundial conforme a los Objetivos de Desarrollo Sostenible (ODS) marcados por la ONU, específicamente los ODS con el número 2 (hambre cero), 12 (producción y consumo responsable), 13 (acción por el clima) y 14 (vida submarina). La Organización de Naciones Unidas para la Alimentación y la Agricultura (FAO, por sus siglas en inglés) publica regularmente un informe sobre el estado mundial de la pesca y acuicultura. El informe publicado en 2024[115] destaca los siguientes datos:

- Consumo mundial de pescado y marisco en 2022 (Figura 54): 20,75 kg per cápita, lo que supone en la práctica más del doble del consumo que hace 60 años (el dato de consumo per cápita en el año 1961 fue de 9,1 kg).

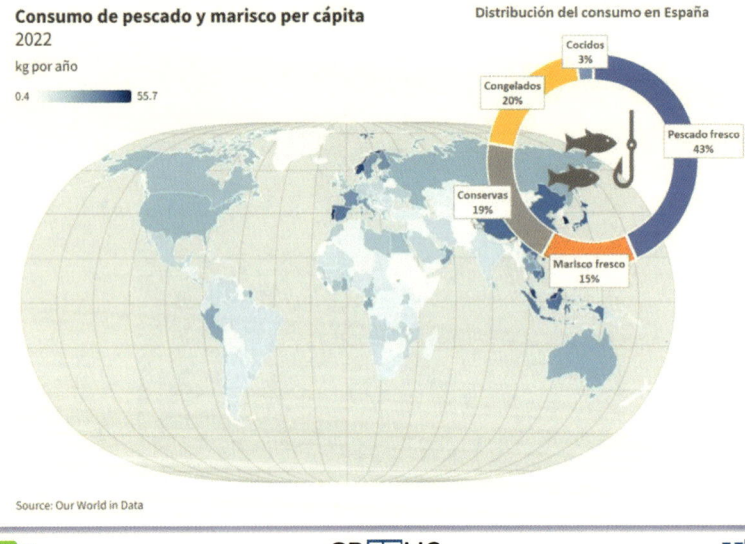

Figura 54. Consumo per cápita anual de pescado y marisco en 2022.

[115] FAO (2024). Versión resumida de El estado mundial de la pesca y la acuicultura 2024. La transformación azul en acción. Roma.

- Por primera vez, la acuicultura superó a la pesca de captura en producción de animales acuáticos, con 94,4 millones de toneladas, lo que representa el 51% del total mundial y un récord del 57% de la producción destinada al consumo humano.

¿Qué nos dicen las etiquetas del pescado?

Una buena alimentación es fundamental para nuestra salud y la del planeta. Para ello, los productos que se comercializan deben de tener la información precisa que permitan a los consumidores tomar la decisión adecuada. A continuación, se señalan los aspectos más relevantes (Figura 55):

Figura 55. Contenido de la etiqueta que deben de tener los productos pesqueros al comercializarse para que los consumidores posean una información completa de lo que compran.

- *Zona de captura.* La FAO establece una serie de zonas a efectos de definir la procedencia de las capturas pesqueras en los océanos[116]. La zona 27 (Atlántico, nordeste) y la 37 (Mediterráneo y Mar Negro) son donde faena una parte importante

---

[116] https://fish-commercial-names.ec.europa.eu/fish-names/fishing-areas_es

de la flota española. Cada zona se subdivide en una serie de subzonas y estas a su vez en divisiones (Figura 56).

- *Primer expedidor*. Corresponde a la lonja, o centro de primera venta en el caso de los moluscos bivalvos, donde se produce la primera subasta del pescado.
- *Denominación*. Se incluye el nombre científico, denominación comercial y el acrónimo establecido por la FAO para las diferentes especies. En el ejemplo de etiqueta que se ha expuesto en la Figura 51, corresponde al *Raja montagui*, esto es, la raya pintada y el acrónimo RJM de la FAO[117]. Es común que también se detalle el nombre local, en este caso, su denominación en gallego: «raia de pintas».

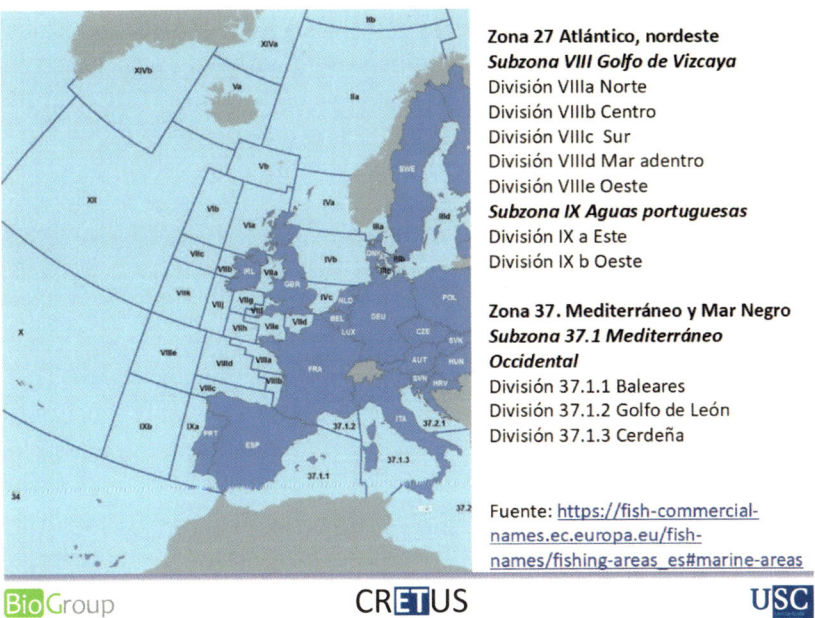

Zona 27 Atlántico, nordeste
Subzona VIII Golfo de Vizcaya
División VIIIa Norte
División VIIIb Centro
División VIIIc Sur
División VIIId Mar adentro
División VIIIe Oeste
Subzona IX Aguas portuguesas
División IX a Este
División IX b Oeste

Zona 37. Mediterráneo y Mar Negro
Subzona 37.1 Mediterráneo Occidental
División 37.1.1 Baleares
División 37.1.2 Golfo de León
División 37.1.3 Cerdeña

Fuente: https://fish-commercial-names.ec.europa.eu/fish-names/fishing-areas_es#marine-areas

Figura 56. Especificación de algunas subzonas y divisiones de las zonas 27 (Atlántico, nordeste) y 37 (Mediterráneo y Mar Negro).

---

[117] https://www.acronymfinder.com/Finfishes-(FAO-fish-species-code)-(FIN).html

- *Cantidad, método de producción y presentación.* En la cantidad se especifica el peso del lote que se subasta (que se le asignará un código para su trazabilidad), el método de producción hace referencia a su procedencia de la pesca extractiva (capturado) o de acuicultura (de cría). En la presentación se puntualiza la forma en que se comercializa o también se ha sufrido algún tratamiento previo (por ejemplo, descongelado).
- *Tipo de arte de pesca.* Corresponde a los medios utilizados por el productor para obtener productos pesqueros con vistas a su introducción en el mercado. En el caso de la pesca extractiva será el buque (nombre y matrícula) y en el caso de la acuicultura la propia instalación (número del Registro de Explotaciones Ganaderas y titular). En el caso de modalidades de pesca sin embarcación o sin instalación acuícola, será la persona física o jurídica. Este aspecto es muy importante, ya que, junto con el caladero, el arte de pesca tiene una influencia notable en la huella de carbono y en otros aspectos ambientales como el respecto a la biodiversidad evitando los descartes. En el caso de la raya pintada (Figura 55), el arte señalado en la etiqueta es «redes enmalle».[118]

Sellos de calidad y ecoetiquetas

Con el objetivo de fomentar la pesca sostenible, se pueden incluir de forma adicional sellos de calidad o ecoetiquetas adicionales. En la etiqueta de la Figura 55 se detallan tres logos:

- Sello de garantía de calidad de *pescadeRías*[119]. La marca pescadeRías ¿de onde se non? es un sello de identidad para la promoción y defensa de los pescados y mariscos procedentes de la flota artesanal gallega. La UE lo considera como una buena práctica[120].

---

[118] https://www.fao.org/4/X6936S/X6936S00.htm
[119] https://deondesenon.xunta.gal/es
[120] https://audiovisual.ec.europa.eu/en/video/I-167470

- Sello de la *Lonja de Ribeira*, para poner en valor el tratamiento y trazabilidad del pescado subastado por el primer expedidor.
- Ecoetiqueta de *pescaenverde*[121] que garantiza que posee una baja huella de carbono (kg CO_2 equivalente/kg de producto) y una alta tasa de retorno energético[122] (TRE, cociente entre la energía proteica que aporta y la energía necesaria para su captura y descarga en puerto (Figura 57).

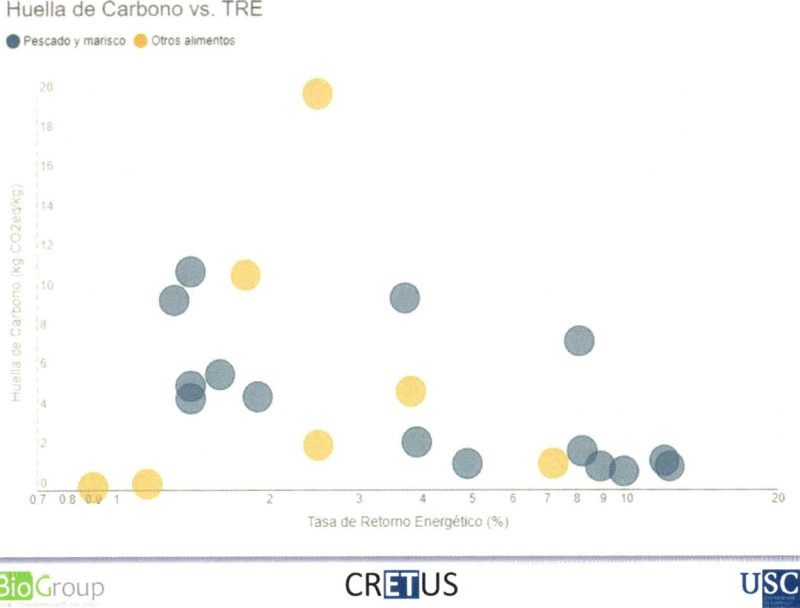

Figura 57. Huella de carbono y tasa de retorno energético de diversos pescados y mariscos en comparación con otros alimentos tradicionales como carnes, lácteos y frutas.

---

[121] https://www.usc.gal/pescaenverde/es/inicio

[122] Vázquez-Rowe, I., Villanueva-Rey, P., Moreira, M.T., Feijoo, G. (2013). Edible protein energy return on investment ratio (ep-EROI) for Spanish seafood products. *AMBIO* 43:381-394.

Corolario

Los pescadores y los consumidores deben establecer una relación recíproca: los pescadores deben ofertar productos que en su captura sean cada vez más respetuosos con el medio ambiente y, por su parte, los consumidores deben tener una actitud proactiva al optar por aquellas pesquerías con menor impacto ambiental. Cuidar de la sostenibilidad de los océanos también significa poner en valor el vector social de la pesca, ayudemos a los pescadores que aman y cuidan el mar.

La sardina: beneficios para la salud y el medio ambiente de la reina de la noche de san Juan

Ya lo dice el refranero gallego: Por San Xoán, a sardiña molla o pan. En la noche de San Juan (23 de junio) las hogueras para purificar y quemar lo malo, dando paso a nuevos deseos, suelen terminar con las típicas sardiñadas (sardinas asadas) en muchos pueblos costeros de Galicia y del Cantábrico y espetadas (insertadas en un palo) en las costas malagueñas.

No es casualidad que consumamos sardinas en esa fecha. Su época de pesca por antonomasia es de mayor a octubre. Este pez se alimenta de plancton, muy abundante en ese período, por lo que acumula gran cantidad de grasa que potencia su sabor.

La sardina es un pescado azul con una larga historia, teniendo un papel fundamental en la dieta española en el siglo XVIII, ya que tras el Tratado de Utrecht (1713-1715)[123] se produce el cierre de los caladeros de bacalao del norte de Europa y la sardina se convierte -gracias a la salazón- en el elemento esencial para dar respuesta a la fuerte demanda del mercado -en esa época en España existían más de 150 días anuales de abstinencia de carne por cuestiones religiosas-.

Pescado que alarga la vida

Desde el punto de vista nutricional, suele clasificarse en «blanco» o «azul» en función de su contenido de grasa. El pescado azul tiene una proporción de grasa entre los músculos superior al 5-6%, y entre ellos encontramos la sardina, caballa, jurel o atún. Además de estos lípidos, el pescado azul también contiene péptidos (moléculas formadas por la unión de varios aminoácidos). La acción combinada de estos compuestos bioactivos presenta propiedades beneficiosas para la salud, como la antioxidación, la antiinfección y la antihipertensión. También pueden afectar positivamente al sistema inmunológico, por lo que previenen y mejoran muchas enfermedades, incluido el síndrome metabólico y sus prin-

---

[123] https://es.wikipedia.org/wiki/Tratado_de_Utrecht

cipales factores de riesgo como la hipertensión, la obesidad o la diabetes[124].

La presencia del pescado, blanco o azul, en la dieta atlántica y mediterránea es una de sus fortalezas y uno de los factores clave en la esperanza de vida (Figura 58). España es uno de los pocos países del mundo que tienen dos dietas genuinas en su tradición nutricional que directamente influyen en la esperanza de vida. En 2023, España ocupaba la 9ª posición mundial, con una esperanza de vida al nacer de 83,9 años, la cual superaba a la media de la UE en a aproximadamente 2,5 años y al promedio mundial en 10,6 años.

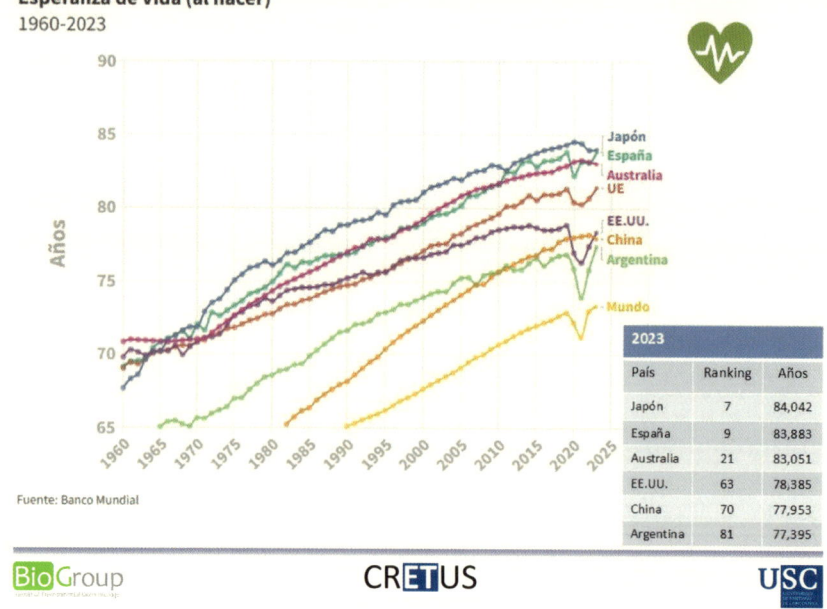

Figura 58. Evolución de la esperanza de vida (al nacer) para el período 1960-2023.

---

[124] Abachi, S., Pilon, G. Marette, A., Bazinet, L., Beaulie (2003). Immunomodulatory effects of fish peptides on cardiomeabolic syndrome associated risk factors: A review. *Food Reviews International* 39:3926-3969.

Cómo se pescan las sardinas

El arte más común para pescar la sardina es el «cerco», que básicamente consiste en rodear a los bancos de peces (o cardúmenes) con una red de gran tamaño para acabar cerrándola por la parte inferior, atrapando a todo el banco. Los barcos están danzando sobre los caladeros hasta que el sonar detecta el cardumen, y en ese momento, se lanza una boya luminosa al mar (el barco que la lanza en primer lugar tiene la opción prioritaria para intentar capturarlo). A continuación, el barco procede con la mayor celeridad posible a trazar un cerco al banco de pesca antes de que se mueva de su posición[125]. Si la pericia del patrón lo consigue, el «lance» será positivo y, en caso contrario, el lance será en blanco.

Otra de las artes artesanales es el «xeito»[126], que consigue una sardina muy apreciada de las rías gallegas denominada «xouba». Está formado por una serie de redes rectangulares que se colocan en línea hasta una longitud máxima de 1000 m por cada pieza, ya que ese es el límite máximo que impone legislación. El arte suele funcionar desde el anochecer hasta las primeras horas de la mañana, cuando los bancos de sardinas son más visibles. Depende del criterio de la tripulación definir a qué altura de la columna de agua debe colocarse la red, ya que los bancos de sardinas no circulan a una profundidad definida.

Impacto ambiental

Ambas técnicas de pesca son respetuosas con el medio ambiente y muy selectivas (las redes tienen unas mallas –espacios que se cierran al tejer el hilo de una red– específicas para las especies objetivo), ya que no generan descartes, y aunque ocasionalmente el banco contenga otras especies de pescado azul, como el jurel o la caballa, son generalmente de valor comercial. Además, las redes se reparan por los propios pescadores y sus familias, en su mayoría mujeres, que ha originado el oficio de *redeiras* que durante mucho tiempo ha sido relegado a un segundo plano en las artes del mar a

---

[125] https://www.youtube.com/watch?v=1v3ZlKlOyK8
[126] https://www.youtube.com/watch?v=yTE8OhYzXWs

pesar de ser una tarea fundamental e imprescindible para el desarrollo de la pesca (Figura 59).

Si consideramos su huella de carbono, esto es, la cantidad de gases de efecto invernadero emitidos en unidades de CO_2 equivalente de todas las actividades directas e indirectas que permiten llevar la sardina del mar a la mesa, se trata de una de las opciones alimentarias con menor impacto por contenido proteico aportado (Figura 60). El valor oscila entre 0,5 kg CO_2/kg de sardina para el cerco[127] y 0,7 para el xeito[128]. Otro elemento de las «sardiñadas» que supone un ejemplo de economía circular, consiste en la tradición de cerrar el círculo al valorizar energéticamente el carozo de la mazorca de maíz y los restos de los viñedos como los principales materiales para conseguir unas ascuas naturales.

Figura 59. Reparando las redes. Fotografía del año de 1957 con mi abuelo y mi madre (con 15 años) en el puerto de Santo Tomé en el municipio de Cambados en la provincia de Pontevedra.

[127] González-García, S., Villanueva-Rey, P. Bello, S., Vázquez-Rowe, I., Moreira, M.T., Feijoo, G., Arroja, L. (2015). Cross-vessel eco-efficiency analysis. A case study for purse seining fishing from North Portugal targeting Europena pilchard. *The International Journal of Life Cycle Assessment* 20:1019-1032.

[128] Villanueva-Rey, P., Vázquez-Rowe, I., Arias, A., Moreira, M.T., Feijoo, G. (2017). The importance of using life cycle assessment in policy support to determine the sustainability of fishing fleets: a case study for the small-scale xeito fishery in Galicia, Spain. *The International Journal of Life Cycle Assessment* 23:1091-1106.

Sostenibilidad y Nutrición
Huella de Carbono y Contenido Proteico

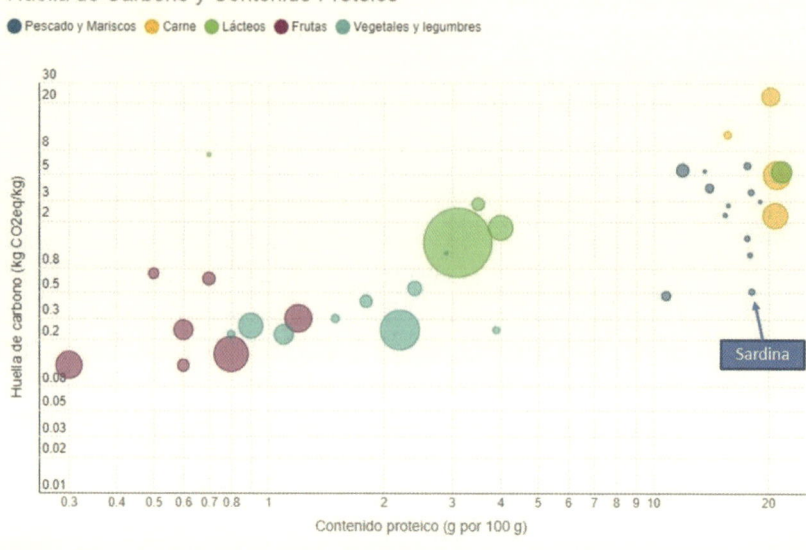

Figura 60. Relación entre la huella de carbono y el contenido proteico para diferentes grupos de alimentos. El tamaño de la burbuja corresponde al consumo anual en Galicia.

Corolario
La sardina es la reina de los pescados azules y supone un beneficio para la salud de las personas y del planeta, al ayudar a combatir el cambio climático y alcanzar la soberanía alimentaria.

La merluza: un megaalimento para enseñar a los niños a llevar una dieta saludable y sostenible

La definición de desarrollo sostenible descrita en el informe Brundtland señala que consiste en «satisfacer las necesidades de las generaciones presentes sin comprometer las posibilidades de las generaciones del futuro para atender sus propias necesidades». En definitiva, debemos dejar un legado que, tomando lo mejor de nuestra cultura y tradiciones, vislumbre un futuro próspero y sin empeños.

La alimentación, qué y cómo comer, es un pilar fundamental para establecer hábitos saludables y respetuosos con el medio ambiente en nuestras generaciones futuras. Como es lógico y natural, durante la infancia y la juventud, el concepto del tiempo de vida es relativo y no prioritario en la toma de decisiones. Por eso, introducir la priorización de alimentos saludables en los hábitos alimentarios en la infancia es más difícil. Apoyarse en la protección del medio ambiente como primera derivada puede ser una buena idea: la imagen de un pequeño oso polar sobre un trozo de hielo a la deriva como símbolo del cambio climático tiene un gran poder de convicción, y la relación de nuestra alimentación con este hecho puede ser una fuerza impulsora determinante en la adquisición de nuevos hábitos alimentarios.

La pesca: cultura y sostenibilidad

El pescado tiene un papel destacado en una dieta equilibrada y saludable como por ejemplo las dietas atlántica[129] y mediterránea. La pesca no solo forma parte de nuestra cultura y tradición, sino que es un elemento fundamental en la consecución de la soberanía alimentaria. Obviamente, cómo se pesca influye directamente en el impacto ambiental[130], pero en términos generales, el pescado y el

---

[129] Esteve-Llorens, X, Darriba, C., Moreira, M.T., Feijoo, G., González-García, S. (2019). Towards an environmentally sustainable and healthy Atlantic dietary pattern: Life cycle carbon footprint and nutritional quality. *STOTEN* 646:704-715.

[130] Vázquez-Rowe, I., Hospido, A., Moreira, M.T., Feijoo, G. (2012). Best practices in life cycle assessment implementation in fisheries. Improving and broadening environmental assessment for seafood production systems. *Trends in Food Science & Technology* 28/2):116-131.

marisco son el grupo de alimentos con mejor tasa de retorno energético en forma proteica (cociente entre la energía que me suministra un alimento por la energía necesaria para que ese alimento llegue a la mesa con relación a su huella de carbono.

La merluza como «mega-alimento»

La merluza es uno de nuestros principales aliados en la tarea de introducir el pescado en una dieta equilibrada, pues combina diversos factores clave:

* Buen sabor y textura, con un número de espinas pequeño y de fácil limpieza, que lo convierte en un pescado ideal para iniciar a los niños en el consumo de una dieta saludable y sostenible[131].
* Diversidad culinaria, con una extensa variedad de recetas aptas también para niños[132].
* Alto contenido nutricional y beneficiosa para la salud. En la Tabla II se recogen los principales parámetros nutricionales del filete de merluza, destacando su alto contenido proteico. También es una fuente moderada de ácidos omega-3 que se han descrito como compuestos importantes en el desarrollo del sistema nervioso (especialmente en los bebés y los niños) o en la mejora de la función cardiovascular[133].
* Baja huella de carbono y porcentaje mínimo de descartes en las artes de pesca como el palangre de fondo (o línea con anzuelos) de la flota gallega y española[134].

---

[131] González-García, S., Esteve-Llorens, X., González-García, R., González, L., Feijoo, G., Moreira, M.T., Leis, R. (2021). Environmental assessment of menus for toddlers serviced at nursery canteen following the Atlantic diet recommendations. *STOTEN* 770:145342.

[132] https://www.directoalpaladar.com/otros/merluza-para-ninos-recetas-para-que-les-guste-el-pescado

[133] De Carvalñho, C., Caramujo, M.J. (2018). The various roles of fatty acids. *Molecules* 23(10):2583

[134] https://www.youtube.com/watch?v=r62YFOI8LJ0

Tabla II. Características nutricionales de un filete crudo de merluza de 100g. (Fuente: Base de datos sobre alimentación de la agencia alimentaria americana[135].

Parámetro	Valor
Energía	78 Kcal
Carbohidratos	0 g
Proteína	17,54 kg
Colesterol	20 mg
Vitamina C	1,1 mg
Sodio	100 mg
Calcio	44 mg
Hierro	0,95 mg

Impacto ambiental de la merluza capturada con el palangre de fondo

La merluza capturada con palangre de fondo debe poseer un valor máximo de huella de carbono de 10,82 kg CO_2eq/kg y una tasa de retorno energética (TREprot) superior al 1,4%[136] para ser considerada sostenible según los requisitos ecológicos de la ecoetiqueta pescaenverde[137]. En un estudio del año 2021 realizado con 26 buques integrados en la Organización de Productores Pesqueros del Puerto de Burela y la Asociación Armadores de Burela arroja que la merluza del palangre de fondo se encuentra en el cuadrante mágico de Gartner (Figura 61), que define el óptimo en ambas variables analizadas (huella de carbono y tasa de retprmp emergçetoca).

---

[135] https://fdc.nal.usda.gov/fdc-app.html#/food-details/518532/nutrients)
[136] Vázquez-Rowe, I., Moreira, M.T., Feijoo, G. (2011). Life cycle assessment of fresh hake fillets captured by the Galician fleet in the Northern stock. *Fisheries Research* 110(1):128-135.
[137] https://www.usc.gal/pescaenverde/es/inicio

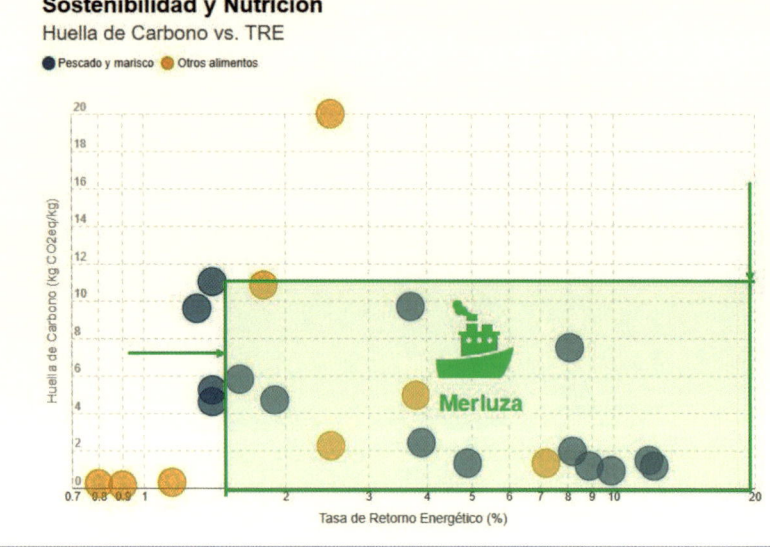

Figura 61. Tasa de Retorno Energético y Huella de Carbono para algunos alimentos. Los datos para la merluza para la flota del palangre de fondo de la flota gallega se indica con el símbolo del barco.

Informar jugando

En la Noche de los Investigadores celebrada en 2021 en Santiago de Compostela, se presentó un Memo-Juego basado en el impacto ambiental de los 63 alimentos más consumidos en España, atrayendo a un gran número de estudiantes de primaria que participaron activamente. El objetivo fundamental era transmitir: «lo que es bueno para ti también es bueno para el planeta»[138].

El memo-juego consistía en 63 tarjetas con los alimentos típicos que se encuentran en el carro de la compra, donde se identificaba (Figura 62):

---

[138] Feijoo, G., M.T. Moreira, Arias, A., Cambeses, C., Lorenzo, M., Rodríguez, J.E., Crespo, J.M., García, J., Rico, J. (2024). Juego «Como San – Come Sostible». Número de Asiento Registral: 03/2024/1394 Código: SC-215-2024.

— Nutrición, en el anverso de la tarjeta, situando los alimentos en los diferentes grupos de la pirámide alimentaria.
— Huella de carbono y de agua (en el reverso), para destacar la contribución de cada uno al cambio climático (ODS13) y a la gestión del agua (ODS6).

Figura 62. Detalle de anverso (alimentos y su situación –por colores– en la pirámide alimentaria) y reverso (huella de carbono e hídrica de los alimentos) de las tarjetas utilizadas en el memo-juego.

Los niños tenían que elegir los alimentos que les gustaban, para luego verificar el impacto ambiental que tenían. A continuación, situaban el número obtenido en una regleta donde se comparaba con los km recorridos por un coche. Rápidamente, buscaban adaptar la selección dentro de cada grupo de alimentos de la pirámide para poder bajar su huella ambiental. Finalmente, se observó que el pescado, con la merluza a la cabeza, ganaba posiciones en la carrera de su elección final.

Corolario

Aprovechemos las vacaciones de los más pequeños para incorporar paulatinamente hábitos alimentarios saludables y sostenibles, será nuestro mejor legado para su futuro y el del planeta donde desarrollarán sus vidas, pues de momento solo tenemos una Tierra.

Cuidar la salud y el medio ambiente: dos razones para incluir pescado azul en nuestra dieta

La sociedad actual tiene cada vez más una preocupación mayor por la dieta, a partir de cuestiones económicas, nutricionales, religiosas o ideológicas se busca acceder a una dieta que satisfaga las necesidades fisiológicas. La clave radica en conseguir una dieta equilibrada que cuide de nuestra salud y la del planeta. La dieta atlántica y mediterránea tradicionales son dos opciones que nos aseguran estos requisitos, en las cuales la ingesta frecuente de pescado juega un papel importante por sus características nutricionales y organolépticas.

A nivel mundial el consumo anual per cápita de pescado en los últimos 50 años (Figura 63) se ha prácticamente duplicado, pasando de 10,75 kg en 1970 a 20,05 kg en 2022. Presenta un crecimiento exponencial en países como China, donde el consumo anual per cápita ha subido de 4,58 kg en 1970 a 41,60 kg en 2022, y crecimientos sustanciales en países como México, donde se ha triplicado (4,06 kg en 1970 y 13,66 kg en 2022). Lamentablemente, España presenta una tendencia descendente en el consumo de pescado desde un valor máximo de 44,33 kg, obtenido en el año 2014, hacia un valor 39,82 kg per cápita para el año 2022.

Se denomina pescado azul a aquel pescado con una proporción de grasa (lípidos) en su musculatura superior al 5-6%, siendo la sardina, el bonito del norte, el jurel o la caballa algunos de sus representantes más significativos. Además, forman parte de nuestro acervo cultural a lo largo de la historia, como, por ejemplo, la sardina en la noche de San Juan o la costera del bonito[139] debido a la migración estacional en busca de aguas ricas en nutrientes y temperaturas adecuadas para reproducirse y alimentarse.

El pescado azul en una nutrición saludable

El pescado azul se caracteriza por poseer en su composición cuatro elementos nutricionales fundamentales (Figura 64):

---

[139] https://es.wikipedia.org/wiki/Thunnus_alalunga

- Los ácidos grasos polinsaturados omega 3[140], que ayudan a prevenir las enfermedades cardiovasculares[141]. Se les llama omega por la posición de sus dobles enlaces, en el extremo opuesto al ácido carboxílico. Así, un ácido graso omega 3 es el que posee el primer doble enlace en el carbono número 3.
- Los péptidos[142] (moléculas proteicas formadas por la unión de dos o más aminoácidos), que se caracterizan por una actividad biológica beneficiosa para la salud, actuando en la prevención o tratamiento de diferentes enfermedades como la hipertensión, la diabetes o la obesidad.

Consumo de pescado anual
1970-2022

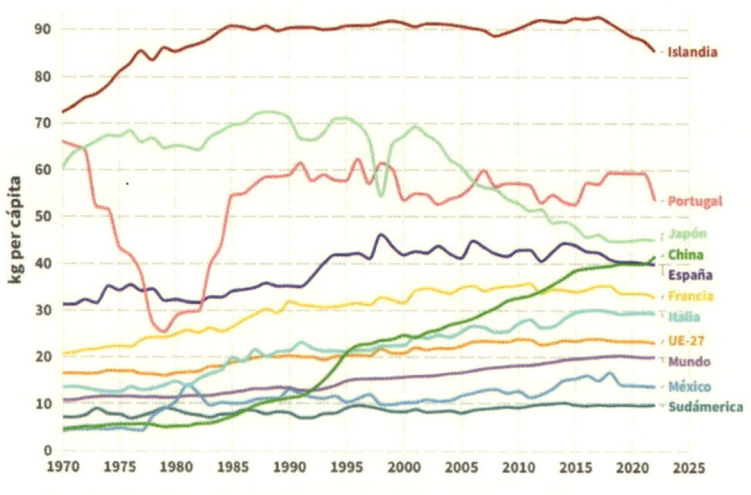

Fuente: Our World in Data

Figura 63. Consumo de pescado anual per cápita para el período 1970-2022.

---

[140] Los ácidos omega-3 son 3: el ácido Alpha-linoleico (ALA), el ácido eicosapentaenoico (EPA) y el ácido docosahexaenoico (DHA).
[141] https://fundaciondelcorazon.com/nutricion/
[142] https://es.wikipedia.org/wiki/P%C3%A9ptido

- El aporte de vitaminas (por ejemplo, A, D y E). Las vitaminas son un grupo de sustancias que son necesarias para el funcionamiento celular, el crecimiento y el desarrollo normales. Por ejemplo, la vitamina A ayuda a la formación y mantenimiento de dientes, tejidos óseos y blandos, membranas mucosas y piel sanos.
- Otros oligoelementos como el magnesio, selenio y yodo. Intervienen, entre otras funciones, en la regulación y equilibrio de las funciones respiratoria, digestiva, neurovegetativa y muscular. El ser humano no puede producirlos, por lo que es necesario que la dieta aporte estas pequeñas cantidades, pues su déficit puede causar diferentes enfermedades.

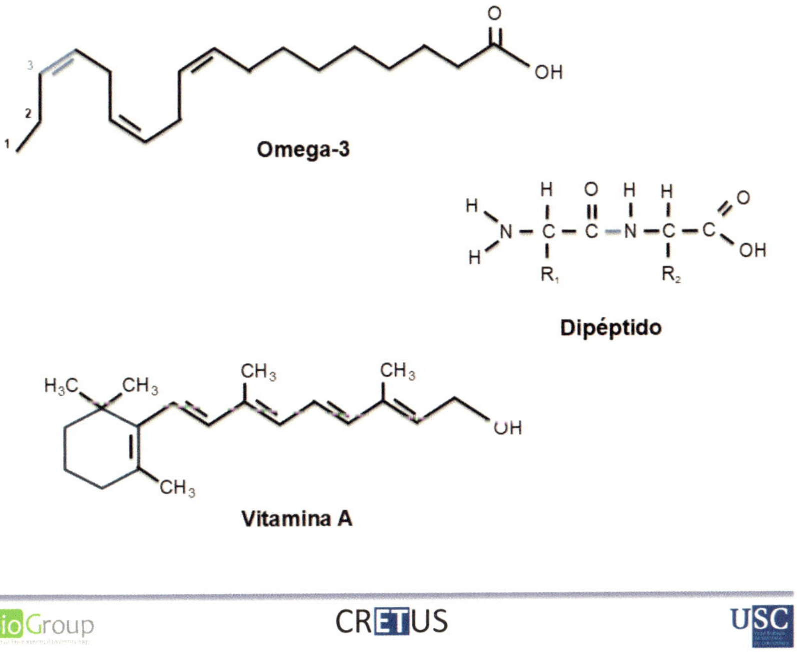

Omega-3

Dipéptido

Vitamina A

CRETUS

Figura 64. Estructura de compuestos bioactivos presentes en el pescado azul.

Esta combinación se ha puesto de manifiesto en el desarrollo del proyecto GALIAT, liderado por el Hospital Clínico Universitario de Santiago de Compostela, que consistió en un estudio de campo para determinar el efecto que sobre la población tiene una dieta atlántica tradicional, demostrando una reducción del síndrome metabólico (grupo de afecciones que aumentan el riesgo de sufrir cardiopatía coronaria o diabetes)[143].

Sostenibilidad de las artes de pesca

La época de pesca de la sardiana, jurel o caballa se extiende, con mayor o menor intensidad, de mayo a octubre, puesto que el plancton es más abundante y al alimentarse del mismo, el pescado azul acumula gran cantidad de grasa que potencia su sabor. La técnica de pesca más común utilizada en la captura del pescado azul es el «cerco», una de las artes de pesca con menor impacto ambiental:

- Los descartes (aquella parte de la captura que no se retiene a bordo y se desecha al mar) es mínima o inexistente[144]. La denominación de cerco significa «rodear» el cardumen (banco de peces) para su captura, es una técnica muy selectiva y que respecta la biodiversidad.
- Si consideramos su huella de carbono (kilogramos de dióxido de carbono equivalentes emitidos a la atmósfera de forma directa o indirecta a lo largo de todas las etapas de la cadena de valor) es una de las opciones alimentarias con menor impacto, ya que la huella en función de la energía proteica que nos proporciona es de las más bajas (Figura 65). Por ejemplo, la caballa tiene un valor medio de 550 g de CO_{2eq} por cada

[143] Cambeses-Franco, C., Gude, F., Benítez-Estévez, A.J., González-García, S., Leis, R., Sánchez-Castro, J., Moreira, M.T., Feijoo, G., Calvo-Malvar, M. (2024). Traditional Atlantic diet and its effect on health and the environment: A secondary analysis of the GALIAT cluster randomized clinical trial. *JAMA Network Open*, 7(2): e2354473.

[144] Vázquez-Rowe, I., Moreira, M.T., Feijoo, G. (2012). Inclusion of discard assessment indicators in fisheries life cycle assessment studies. Expanding the use of fishery-specific impact categories. *The International Journal of Life Cycle Assessment* 17:535-549.

100 g de proteína[145], o la sardina con un valor promedio de 646 g de CO_{2eq} por cada 100 g de proteína[146]. Estos valores son del orden de magnitud de los productos lácteos, las verduras y legumbres, e inferior a mayoría de las frutas y la carne.

Huella de Carbono
g de CO_{2eq} por cada 100 g de proteína

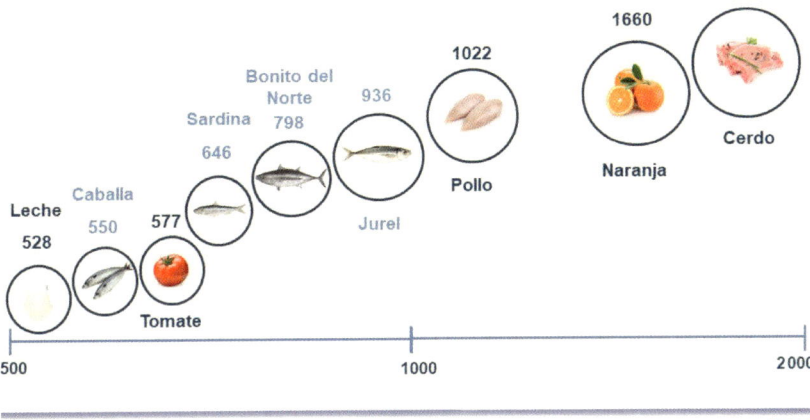

Figura 65. Huella de carbono de diversos alimentos por cada 100 g de proteína.

El pescado azul en la cocina tradicional

El consumo de pescado es coetáneo a la evolución de Homo sapiens[147] incorporado como alimento básico desde nuestros orígenes y cuya elaboración se ha ido perfeccionando a lo largo de la

---

[145] Vázquez-Rowe, I., Moreira, M.T., Feijoo, G. (2010). Life cycle assessment of horse mackerel fisheries in Galicia (NW Spain): Comparative analysis of two major fishing methods. *Fisheries Research* 106:517-527.

[146] Vázquez-Rowe, I., Villanueva-Rey, P., Hospido, A., Moreira, M.T., Feijoo, G. (2014). Life cycle assessment of European pilchard (*Sardina pilchardus*) consumption. A case study for Galicia (NW Spain). *STOTEN* 475:48-60.

[147] http://cienciaprop.fundaciocaixavinaros.com/conferencias/comer-pescado-nos-hizo-sapiens/

historia. El pescado azul se presta a multitud de diferentes elaboraciones en la cocina, dese la sencillez de la brasa o la plancha a platos con mayor elaboración como el tataki o el papillote. Una de las ventajas que presenta el pescado azul reside en la facilidad de su limpieza, la eliminación de las espinas supone un aliciente para que durante la infancia se introduzca este alimento como elemento de la dieta básica.

Corolario
Dado sus beneficios nutricionales y el bajo impacto ambiental de su captura, el pescado azul es una excelente opción para incorporarlo regularmente a nuestra dieta tradicional atlántica y mediterránea.

El marisqueo a pie, un paradigma de la sostenibilidad

La recolección de marisco a pie se remonta a los albures del tiempo, el influjo de la luna determina las mareas y es en la bajamar cuando los arenales quedan accesibles para la actividad marisquera. Es una actividad puramente artesanal para la cual se necesitan unas mínimas herramientas (prácticamente no ha variado con el tiempo) y una gran sapiencia para alcanzar en tres o cuatro horas el cupo de captura permitido:

- «Fisga»: especie de arpón pequeño para capturar el «longueirón» (muergo)[148], que debe introducirse en la arena buscando dos agujeros en forma de ocho[149].
- «Sacho»: azada para cavar el arenal y levantar las almejas, al igual que se hace en la tierra para cosechar las patatas[150].
- «Angazo»: rastrillo para peinar los arenales y levantar los berberechos y almejas[151].
- «Ganchelo»: una técnica increíble que necesita una vista de lince es el marisquero «o burato» (en busca del agujero) que generan las almejas al respirar, al detectarlo se utilizan un gancho o los propios dedos de las manos como una pinza en el arenal y extraerlo.
- «Raspa»: herramienta para «rascar» la roca y cosechar los percebes.
- «Raño»: tipo de rastrillo con un palo largo que se arrastra sobre la arena, levantando así los berberechos y almejas, que quedan depositados en una especie de red de metal[152] (Figura 66).

---

[148] https://es.wikipedia.org/wiki/Ensis_siliqua
[149] https://www.youtube.com/watch?v=TVlNFCocJz0
[150] https://www.youtube.com/watch?v=xSj30ioWt8g
[151] https://www.youtube.com/watch?v=SvlXgfmUf0E
[152] https://www.youtube.com/watch?v=3qm_Q3m9sN4

Figura 66. Foto de «rañeiros» en la zona de O Bao en la Ría de Arousa (sobre la que se construyó el puente que une a Illa de Arousa e Vilanova de Arousa) en los años 50 del siglo xx con la embarcación típica de Galicia: a dorna[153].

Una labor de las mujeres (Figura 67)

Cuando se emplea la palabra sostenibilidad debemos tener en cuenta que las variables económica y social son igual de importantes que la ambiental. El marisqueo a pie se realiza fundamentalmente por mujeres (Figura 68). Esta actividad supuso y supone una emancipación económica, siendo en muchos casos el aporte de ingresos basal a la economía familiar en los pueblos de la costa. También permite, no sin esfuerzo, compaginar con otras actividades y disponer de tiempo para conciliar. Al igual que ocurre con otras artes de pesca, la fuerza laboral ha disminuido de forma alarmante en los últimos años. El relevo generacional es uno de los grandes desafíos a los que se enfrenta el sector a corto y medio plazo, pieza angular para conseguir la soberanía alimentaria que se demostró esencial durante la pandemia del covid-19.

---

[153] El chico más pequeño que está sonriendo es mi tío Moncho, con el que luego pasaría muchas horas en el mar.

159

Figura 67. Mujeres mariscando en la Ría de Arousa (cortesía de la Asociación Mulleres Salgadas)[154].

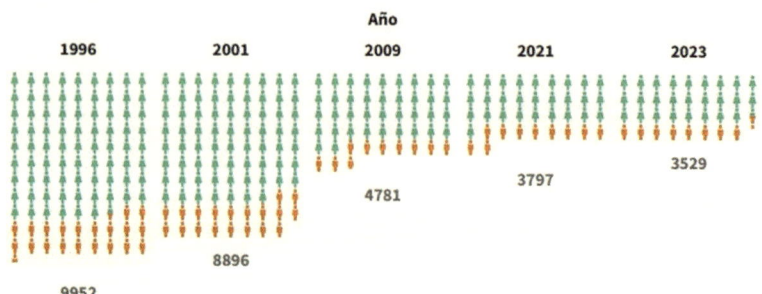

Fuerza laboral del marisqueo a pie en Galicia

♦ = 100
♦ Mujer ♦ Hombre

Año

1996   2001   2009   2021   2023

4781

3797

3529

8896

9952

Fuente: Xunta de Galicia

Figura 68. Fuerza laboral dedicada al marisqueo en Galicia.

---

154 6 https://mulleressalgadas.es/

Una baja huella ambiental

Al caracterizar los insumos del marisqueo tenemos un consumo nulo de combustibles fósiles: se accede al banco andando, sin mecanización en las herramientas y el transporte se realiza con redes en flotadores aprovechando la bajamar (ida) y pleamar (vuelta). Los utensilios tienen una duración de varias campañas, pues salvo incidentes se renuevan cada 2-3 años con un buen mantenimiento y reparación. Esto significa que su huella de carbono e hídrica es muy baja (Figura 69); por ejemplo, 1,5 kg CO_2 por kg para los bivalvos[155] o 2,5 kg por kg para el percebe[156]. Ahora bien, que apenas generan huella de carbono o huella hídrica no supone que no se vea afectados por el cambio climático.

Marisqueo y cambio climático

Desafortunadamente la aceleración del calentamiento global afecta muy directamente a los bancos marisqueros. Las condiciones ambientales han cambiado drásticamente, basten dos ejemplos:

- La subida en la temperatura media superficial del océano, con niveles record cuantificados por la US EPA[157] y EU-Copernicus[158] del agua que conlleva, entre otros efectos, una mayor proliferación de algas que cubren como un manto mortal los bancos marisqueros.
- El cambio en el régimen de precipitaciones es una clara amenaza ya que supone una mayor intensidad de lluvia en poco tiempo (danas, ciclogénesis explosivas...), que final-

---

[155] Gephart, J.A., Henriksson, P.J.G., Parker, R.W.R., Shepon, A., Gorospe, K.D., Bergman, K., Eshel, G., Golden, C.D., Halpern, B.S., Hornborg, S., Jonell, M., Metian, M., Mifflin, K., Newton, R., Tyedmers, P., Zhang, W., Ziegler, F., Troell, M. (2021). Environmental performance of blue foods. *Nature* 597:360-365.

[156] Vázquez-Rowe, I., Moreira, M.T., Feijoo, G. (2013). Carbon footprint analysis of goose barnacle (*Pollicipes pollicipes*) collection on the Galician coast (NW Spain). *Fisheries Research* 143:191-200.

[157] https://www.epa.gov/climate-indicators/climate-change-indicators-sea-surface-temperature

[158] https://climate.copernicus.eu/copernicus-february-2024-was-globally-warmest-record-global-sea-surface-temperatures-record-high

mente significa un gran aporte puntual de agua dulce en los bancos marisqueros cambiando la salinidad del agua y, por ende, la mortandad masiva del marisco[159].

Huella de carbono [g $CO_{2(eq)}$ por kg de marisco]

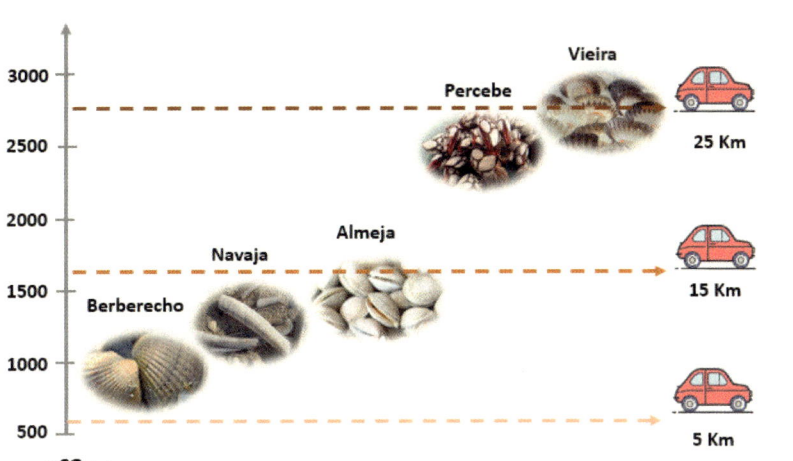

Figura 69. Huella de carbono de algunos maricos (g CO2(eq) por kg de producto) con relación a la emisión producida por un solo coche al recorrer una distancia determinada (elaboración propia).

Corolario

El marisqueo es una noble actividad que permite una soberanía económica y alimentaria accesible de forma directa e indirecta a un gran sector de la población de los pueblos costeros. Cuando vayamos al mercado o supermercado, estimemos también el marisco pensando en el trabajo sostenible que está detrás.

---

[159] Des, M., Fernández, Nóvoa, D., de Castro, M., Gómez-Gesteira, J.L., Sousa, M.C., Gómez-Gesteira, M. (2021). Modeling salinity drop in estuarine areas under extreme precipitation events within a context of climate change: Effect on bivalve mortality in Galician Rías Baixas. *STOTEN* 790:148147.

El vino: historia, cultura y economía circular

Con el verano podemos asistir a numerosas fiestas gastronómicas de exaltación del vino. Una de las decanas en España es la Fiesta do Albariño[160], que se celebra anualmente (desde 1953) durante el primer fin de semana de agosto, siendo declarada de interés turístico internacional desde 2018. La cultura del vino no solo tiene detrás una larga historia, sino que además es un ejemplo de innovación ambiental.

Una tradición milenaria

El vino nos acompaña desde el Neolítico, propagándose su producción desde Mesopotamia a toda la cuenca Mediterránea. Producto de la Romanización, el vino se hizo popular y se extendió a todas las clases sociales a lo largo y ancho del Imperio Romano. Como prueba de este carácter vital, encontramos que la propia mitología griega y romana otorgan a Dionisio y Baco un puesto en el Olimpo de los Dioses como «protectores de los viñedos».

Uno de los primeros textos que dejaron constancia del cultivo de la vid se debe a Catón el Viejo[161], con su obra *De agri cultura* (160 a.C)[162] sobre los aspectos relacionados con la gestión de los viñedos y olivares (Biblioteca Medicea Laurenciana de Florencia). La cultura milenaria de la industria del vino la sitúa como un sector que aprovecha al máximo los recursos naturales y, por ende, como un ejemplo de la tan ansiada economía circular.

Ventajas de la agricultura biodinámica

La viticultura (estudio y cultivo de la uva) está apostando por los sistema biodinámicos y regenerativos, lo que supone, entre otras características (Figura 70):

- Laboreo mínimo del suelo favoreciendo su regeneración.
- Corredores biológicos para el control ecosistémico de plagas, desarrollando un variado espectro de flora autóctona

---

[160] https://xn--fiestadelalbario-lub.com/
[161] http://penelope.uchicago.edu/~grout/encyclopaedia_romana/wine/wine.html
[162] https://es.wikipedia.org/wiki/De_agri_cultura

e insectos que contribuyen al ciclo vital natural de los microorganismos y organismos del ecosistema.

- Uso de animales como sistemas «cortacésped» y de abono natural del suelo.
- Compostaje de los restos de podas para su posterior uso como fertilizante.

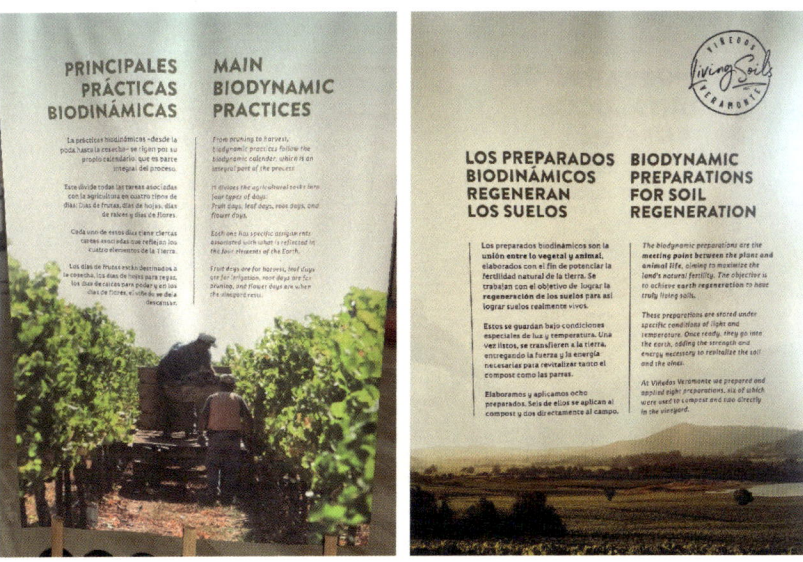

Figura 70. Carteles en la bodega Veramonte (Casablanca, Chile) con los principios básicos de la viticultura biodinámica en la que se basa su cultura del vino.

Todo ello conlleva a una reducción en la intensidad de material y energía para la gestión del viñedo. Así, en un estudio realizado en viñedos de la Denominación de Origen Vino do Ribeiro[163] en la zona de la Ribeira Sacra (a caballo entre el sur de la provincia de Lugo y norte de la provincia de Orense), comparando viñedos gestionados de forma convencional y según los principios de la biodinámica, se encontró que la producción biodinámica de uva supone cargas

---

[163] https://www.ribeiro.wine/es/

medioambientales más bajas[164]. Por ejemplo, si se compara la huella de carbono el valor oscila entre 70-150 g CO_{2eq} por botella de vino de uva procedente de parcelas biodinámicas frente a 250-400 g CO_{2eq} por botella para parcelas gestionadas de forma convencional. Las principales razones de esta fuerte disminución de los impactos ambientales en el caso del emplazamiento biodinámico están relacionadas con una disminución del 80% de los consumos de gasóleo, debida a una menor aplicación de productos fitosanitarios y fertilizantes, así como la reducción de la mecanización.

Obtención de antioxidantes, aceite y fertilizantes

La vinicultura (fabricación y elaboración del vino) también ha experimentado en los últimos años una transformación importante, buscando una mayor calidad de los vinos para poder obtener nuevos subproductos de todas las corrientes de materia residual.

Uno de estos procesos innovadores e la valorización de las lías de vino (precipitados que se forman durante su elaboración) para la obtención de antioxidantes muestra un buen perfil medioambiental a lo largo de todo el ciclo de vida, debido a que la mayoría de las operaciones realizadas son físicas (separaciones sólido/líquido, destilaciones, evaporaciones, etc.) y no implican un gran consumo de electricidad o productos químicos[165].

Por otro lado, se han planteado diversas estrategias para un aprovechamiento completo del hollejo más allá del compostaje convencional:

- Una posible vía (Figura 71) es la obtención de destilados, aceite de pepita de uva y la valorización energética del hollejo agotado. El aceite de pepita de uva presenta por cada 100 g: 900 kcal, 100 g de grasas (12 g saturadas) y 18 g de ácido oleico.

[164] Villanueva-Rey, P., Vázquez-Rowe, I., Moreira, M.T., Feijoo, G. (2014). Comparative life cycle assessment in the wine sector: biodynamic vs. conventional viticulture activities in NW Spain. *Journal of Cleaner Production* 65:330-341.

[165] Cortés, A., Moreira, M.T., Feijoo, G. (2019). Integrated evaluation of wine lees valorization to produce value-added products. *Waste Management* 95:70-77.

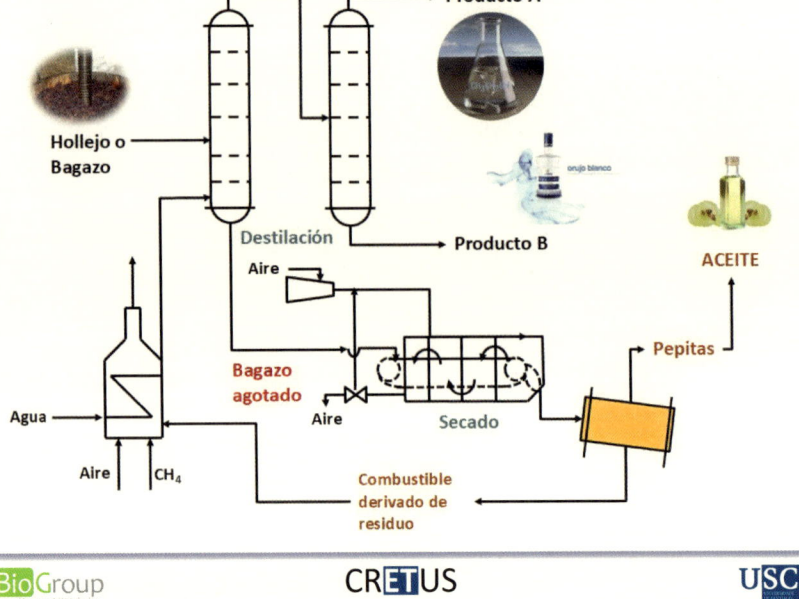

BioGroup   CRETUS   USC

Figura 71. Aprovechamiento completo del hollejo o bagazo de uva, considerando el aceite de uva como uno de sus subproductos estrella.

- Una segunda vía consiste en la obtención de destilados, la obtención de polifenoles y el compostaje del hollejo agotado utilizando tanto bacterias como lombrices (vermicompost).

El vermicompostaje es un tratamiento de valorización innovador y medioambientalmente sostenible. Si se tienen en cuenta los factores de asignación económica, las cargas ambientales del proceso pueden distribuirse entre los distintos productos, lo que corresponde a 200 g de CO_{2eq} por kg de vermicompost producido[166]. El análisis comparativo entre los tratamientos al final de la vida útil ha demostrado que el vermicompostaje presenta un excelente

---

[166] Cortés, A., Moreira, M.T., Domínguez, J., Lores, M., Feijoo, G. (2020). Unraveling the environmental impacts of bioactive compounds and organic amendment from grape marc. *Journal of Environmental Management* 272:111066.

comportamiento ambiental al considerar el análisis de los ingresos económicos (Figura 72): supone 17 kg CO_{2eq} por cada 100 € de ingresos.

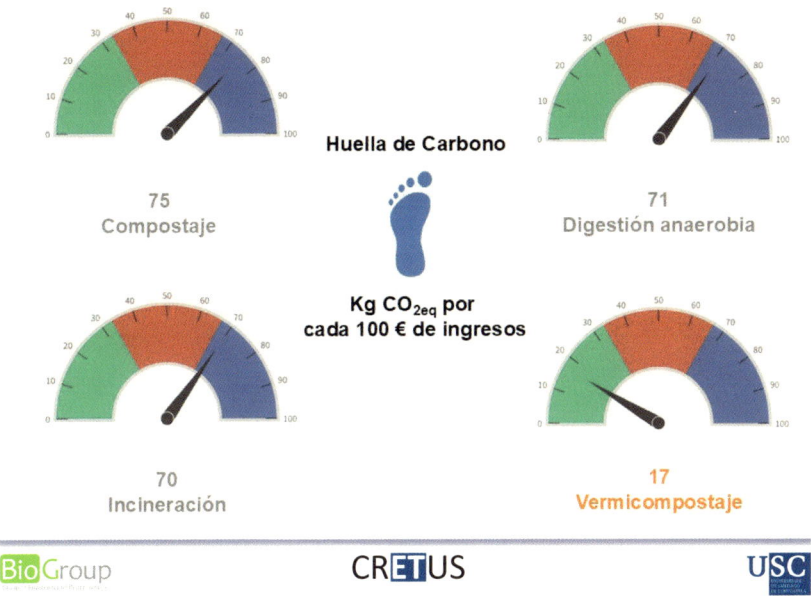

Figura 72. Impactos medioambientales comparativos en términos de huella de carbono (kg CO_{2eq}) considerando 100 euros de ingresos como unidad funcional (unidad de referencia) para diferentes tratamientos del hollejo agotado.

Corolario

Es importante recordar que los sistemas sostenibles son aquellos que abarcan los tres pilares y que, por tanto, aúnan beneficios económicos (riqueza en la región donde se ubican), sociales (integran tradición, cultura y desarrollo) y ambientales (reducen el impacto sobre el medio ambiente). La viticultura y la vinicultura ecológica son, sin duda, un sector en el camino de la economía circular plena (Figura 73).

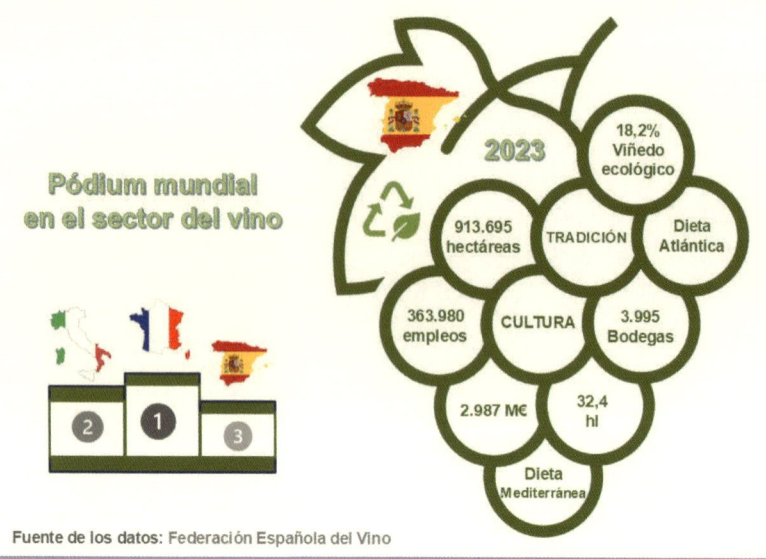

Figura 73. Principales datos del sector del vino en España.

El despilfarro alimentario es un agujero negro en la búsqueda de una economía circular sostenible

Los agujeros negros se caracterizan por tener un campo gravitatorio extraordinario tal que atrapan tanto la materia como la luz: nada escapa a su gravedad. De forma análoga, el despilfarro alimentario hace inútil los esfuerzos de descarbonización emprendidos en la producción de alimentos, pues los vierte directamente a un sumidero.

La obtención de alimentos para satisfacer las necesidades de los 11.000 millones de personas que habitaremos este planeta en el 2100 es uno de los retos más importantes establecidos en los Objetivos de Desarrollo Sostenible (ODS) marcados por la Agenda 2030 de la ONU, específicamente el ODS2 «Hambre cero»; pero también lo es alcanzar esta meta de forma sostenible (ODS12 «Producción y consumo responsable»), para lo cual debemos reducir el desperdicio de alimentos (Figura 74).

Figura 74. Acciones y metas dentro del ODS12: «Producción y consumo responsable», cuya meta 12.3 implica conseguir una reducción del 50% en el desperdicio de alimentos.

Definición de desperdicio alimentario

El desperdicio de alimentos se refiere a cualquier pérdida de alimentos por deterioro o desecho. Por tanto, el término «desperdicio» engloba la pérdida de alimentos y los residuos alimentarios.

• La *pérdida de alimentos* se refiere a la disminución de la masa (materia seca) o del valor nutritivo (calidad) de los alimentos destinados originalmente al consumo humano.
• Los *residuos alimentarios* se refieren al conjunto de desechos de alimentos aptos para el consumo humano, ya sea después de haberlos conservado más allá de su fecha de caducidad o de haberlos dejado estropearse.

La obtención de alimentos de la tierra (agricultura y ganadería) o el mar (pesquerías) implica el consumo de materia y energía que lleva asociado un impacto ambiental cuantificado con los indicadores de huella de carbono (emisión de gases de efecto invernadero expresado como la masa de dióxido de carbono equivalente −CO_2e− a lo largo de todas las etapas de ciclo de vida del producto) y huella hídrica (consumo de agua a lo largo de todo el ciclo de vida). El despilfarro de alimentos a lo largo de la cadena producción se convierte innecesariamente en residuo que es necesario gestionar. Aunque, este residuo se gestione adecuadamente (obtención de compost, producción de bioenergía u obtención de productos de alto valor añadido) con el objetivo de cerrar el círculo seguiremos sin ser sostenibles. Es necesario desacoplar esta tendencia si realmente buscamos una economía circular sostenible de la cadena alimentaria.

El despilfarro en números

A nivel mundial, la cantidad de toneladas de desperdicio alimentario estimado por la FAO (acrónimo en inglés de la Organización para la Alimentación y la Agricultura de la ONU) es de 1.600 millones de toneladas, que supone una huella de carbono de 3.300 millones de toneladas de gases de efecto invernadero expresado como CO_2e, aproximadamente unas 30-35 veces la emisión de gases de todo el parque móvil español en un año (considerando una media de recorrido anual de 25.000 kilómetros por vehículo). En términos de huella hídrica, el volumen de agua anual utilizado en la producción de alimentos de origen agrícola que se pierden o desperdician es de 250 km³, lo que equivale a 3 veces el caudal anual medio del río Nilo o a 13 veces el caudal anual medio del río Ebro.

La distribución del despilfarro varía a lo largo de las etapas de ciclo de vida (Figura 75). En la etapa de consumo la cantidad de alimentos desperdiciada supone un 22% del total, pero el volumen de emisiones de CO_2e que genera no es lineal. Se produce un efecto multiplicador, de forma que representa un 37% de emisiones con relación al resto de etapas de la cadena de valor. Esta diferencia se produce por un efecto acumulativo. Esto quiere decir que cuando despilfarramos en la etapa de consumo se incluye el efecto directo (por ejemplo, la energía al cocinar), pero también los efectos indi-

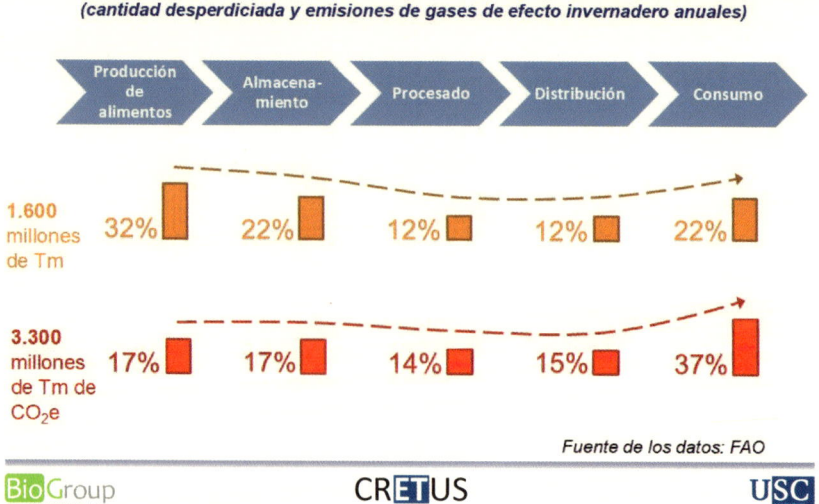

Figura 75. Desperdicio a lo largo de las etapas del ciclo de vida de los productos alimentarios, con especificación de las emisiones de gases de efecto invernadero asociado.

rectos tanto en etapas previas (por ejemplo, la energía en la producción, almacenado, procesado y distribución) como en etapas posteriores (gestión final de los residuos).

Un informe de UNEP (acrónimo en inglés del Programa de Naciones Unidas para el Medio Ambiente) del 2024[167] situaba el desperdicio promedio en los hogares para el año 2022 a nivel mundial en 79 kg/persona/año (Figura 76). España presenta un buen comportamiento en este indicador, puesto que ha reducido el valor de 77 kg/persona/año que presentaba en el anterior informe del 2021 a un valor de 61 kg/persona/año.

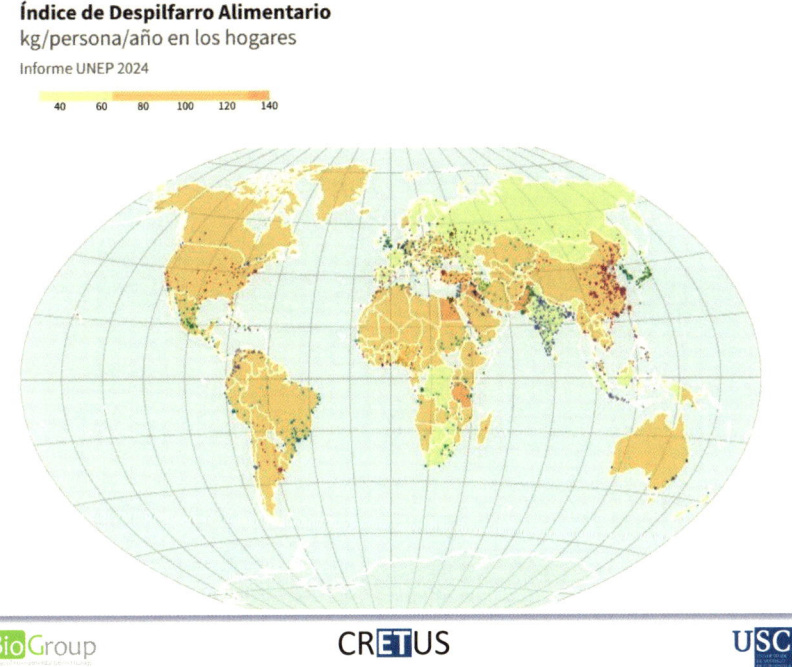

Índice de Despilfarro Alimentario
kg/persona/año en los hogares
Informe UNEP 2024

40 60 80 100 120 140

Figura 76. Desperdicio alimentario en los hogares expresado en kg/persona/año para los diferentes países.

[167] https://www.unep.org/es/resources/publicaciones/informe-sobre-el-indice-de-desperdicio-de-alimentos-2024

Consejos para reducir el despilfarro en casa

El despilfarro alimentario es un asunto que atañe a todos los actores involucrados en la cadena de valor: productores, distribuidores, vendedores, cocineros y consumidores. A continuación, se señalan algunos consejos para reducir el despilfarro alimentario en los hogares siguiendo los principios que nuestras abuelas han aplicado con sensatez desde siempre:

- Adaptar el consumo a lo que realmente necesitamos. Para ello, el realizar y compartir la tarea de la compra en varios días de la semana permite planificar mejor las necesidades y, paralelamente, reducir el almacenamiento y la probabilidad de «olvidar» alimentos en la nevera y despensa.
- Cocinar nuestra propia comida. Además de ser más saludable, no cabe duda de que permite adecuar las porciones y, si se producen sobras, se puede recurrir a recetas que todas las gastronomías poseen para su reutilización.
- Adoptar la dieta tradicional de nuestra zona geográfica seguro que es más saludable y, sobre todo, sostenible al considerar productos de temporada y proximidad.

Si deseamos un cálculo aproximado de la huella de carbono, huella hídrica y coste que supone el despilfarro de alimentos en nuestros hogares y tener una evolución de la eficacia de las acciones puesto en marcha se puede acceder en abierto a una hoja de cálculo[168,169].

Legislación española

En 2025 el Parlamento Español aprobó la Ley 1/2025, de 1 de abril, de prevención de las pérdidas y el desperdicio alimentario[170] que tiene dos líneas claras de actuación:

---

[168] https://www.researchgate.net/publication/343386633_Environmental_footprints_and_cost_analysisxlsx

[169] Feijoo, G., Moreira, M.T. (2020). Fostering environmental awareness towards responsible food consumption and reduced food waste in chemical engineering students. *Education for Chemical Engineers* 33:27-35

[170] https://www.boe.es/diario_boe/txt.php?id=BOE-A-2025-6597

- Las administraciones públicas deberán promover hábitos de consumo responsable.
- Los agentes de la cadena alimentaria aplicarán cuantas medidas sean posibles y tendrán como primera obligación prevenir las pérdidas y desperdicio alimentario, incorporando criterios de producción, compra y gestión racionales y basados en las necesidades concretas que impidan la generación de excedentes.

Corolario

Una correcta aplicación de la filosofía que subyace tras el concepto de economía circular cara a una economía sostenible implica no solo repensar y rediseñar los procesos y sistemas de producción sino también, de forma paralela, reconsiderar y revisar nuestro comportamiento como consumidores responsables. En consecuencia, el despilfarro alimentario es totalmente cuestionable desde un punto de vista ético e inaceptable desde el punto de vista de la sostenibilidad (social, económica y ambiental).

Este libro,
Las aristas de la sostenibilidad,
do que é autor Gumersindo Feijoo
e que ilustrou Joan Rieradevall
saíu do prelo nos obradoiros
da Imprenta Universitaria.
Compostela, verán de 2025